U0007242

KURAMA ___ 著

最

儲蓄體質

只要存下20萬，人生就會從此改變！

強

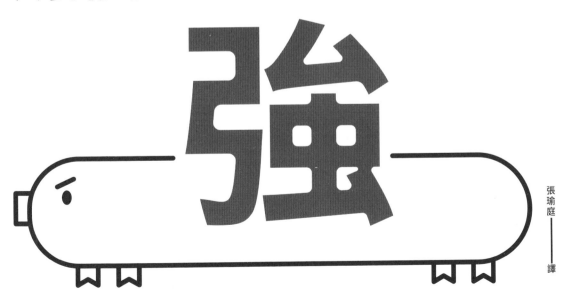

張瑜庭 ___ 譯

CONTENTS

第1章

「先認真存到100萬日圓！」很重要

第2章

我成為存錢機器前的窮忙人生

第 3 章

八成儲蓄率的精準節約術 & 魔鬼儲蓄法

CONTENTS

第 4 章

只要活著就能存錢

第 5 章
「正面迎戰」，跨越 500 萬日圓的高牆

CONTENTS

理財最重要的是「儲蓄體質」。

能否成為有錢人的關鍵不是看你賺多少，
而是取決於你存多少。

我們無法控制自己的年收，
但憑藉著節省支出、存下餘額，
任何人都可能變成有錢人。

儲蓄體質是最強的武器。
不論投資還是財務自由的目標，
一切的基礎全在儲蓄體質。

最重要的是，

存款能消除我們對於生活費和養老金的不安，

讓人安心過日子，

還能變得幸福。

所以，

現在就開始培養儲蓄體質，

逃離苦難的人生吧！

存到 1000 萬日圓

\START/

| 先減少固定費用 | ▶ | 房租支出減為實拿收入的一成 | ▶ | 開始自己煮飯 | ▶ | 大略記帳 | ▶ |

| 建立儲蓄觀念 | ▶ | 持續過簡樸生活 | ▶ | 存下實拿收入的一成 | ▶ | 分三個帳戶 | ▶ |

| 挑戰存下收入的25% | ▶ | 不要提升生活水準 | ▶ | 談論理財的話題 | ▶ | 開始運用資產（投資） | ▶ |

\GOAL!!/

BOUNS STAGE ▶

財產、品格、生活習慣
都整理好的最強狀態

$

最快攻略路線圖

重新檢視擁車狀況	▶ 重新檢視保險狀況	▶ 錢包裡不放現金	▶ 突破 **100** 萬日圓高牆！
開始繳故鄉稅	▶ 建立緊急預備金	▶ 以一次性購買減少支出	▶ 突破 **500** 萬日圓高牆！
選擇能存錢的工作	▶ 經營副業獲得營業所得	▶ 總之認真工作！	▶ 突破 **1000** 萬日圓高牆！

$ 以 1000 萬日圓為資本，降低對於金錢的不安，並且獲得自由

$ 嘗試新的挑戰，目標是財務自由

前言：拋開為錢煩惱的人生 ——————

你好，感謝你翻開這本書。

我叫做 KURAMA。

我平時是個上班族，也會在自己的 YouTube 頻道「省錢一族都這樣做」（日文名稱：倹者の流儀）上發布影片。

我的影片主要是在介紹儲蓄和開源節流的方法。

大學剛畢業時，我身上還扛著 300 萬日圓的學貸。

大學還沒畢業的時候，我就覺得這筆負債是人生的一大重擔。起初雖然有感於學生能賺的錢不多，因此努力打工，但後來深感挫敗，於是揮霍度日，幾乎沒存到錢。

後來我求職並不順利，畢業即失業，同時過著還債人生。「難道我的人生要這樣持續卡關嗎？」我深切感嘆後，下定決心「從哪裡跌倒，就從哪裡站起來」。

於是，我開始省錢、存錢。

這個決定**使我的人生好轉了起來**。

我們對於人生中感到的不安，大多來自「我真的能夠養活自己一輩子嗎？」的疑問。

近年來，愈來愈多人了解到日本的年金並不可靠，紛紛透過投資來建立自己的養老金。

原本手頭就寬裕的人，通常會拿閒置的資產去投資。

但我當時沒有任何閒錢。我沒有正職，也不是應屆畢業生，別說是存款了，還背著債務，既沒有專長、也沒有資歷，人生可說澈底陷入絕望。我不知道下一步該如何累積職涯經驗，我只想盡早還清債務，讓資產成為正數。

增加資產的方法有三種：
❶ 減少支出
❷ 增加收入
❸ 投資

當時我能做的只有「減少支出」。

總之做就對了！

因此，我第一步先執行「減少支出」，**也就是「節儉度日」。**

我一天只吃一餐，這剛好符合我當時的生活作息；為了省下生病看醫生的開銷，我落實運動和健康管理；只進行最小限度的購物，並

編按：日圓和新台幣匯率多有浮動，以當時匯率，300 萬日圓約等 65 萬台幣；
100 萬日圓約等於 21 萬台幣；500 萬日圓約等 109 萬台幣。

且研究划算的集點活動。

最後，我僅僅花一年時間就還清了學貸。如今，我的省錢生活已經持續了四年半，存款與資產加總起來超過 2000 萬日圓。

我經歷了各種嘗試才累積到這些資產，但我認為，只要擁有敏銳的金錢觀，並且持之以恆地實踐它，任何人都能累積資產，過著不再為金錢煩惱的生活。

「就算你這麼說，我一點也不懂那些理財知識。」
「我學歷差，進不了好公司，無法提升年收。」
我彷彿聽到了這些心聲。

幾年前，我對理財也幾乎一無所知，更不是那種進入大企業坐領高薪的白領族。

然而，即使沒有亮眼的學歷或是含金湯匙出生，即使不具備專業的理財知識，只要你願意嘗試我的方法，就有很大的機會在未來獲得不必擔心退休生活的資金。

$ 拿到攻略資本主義的門票

本書介紹的正是「任何人都能做到的資本主義攻略法」。

我還清債務後，仍有好一陣子為了金錢而煩惱，因為我當時並不明白「資本主義的真相就是錢滾錢」。如果你不知道資本主義如何運作，也不知道存錢的訣竅，那你只會愈來愈窮。

要拿到攻略資本主義的門票，方法如下：
- **養成省錢習慣，以度過節約的生活**（管控支出，掌控自己的人生）
- **突破 100 萬日圓的存款高牆**（看見人生開始改變的徵兆）
- **突破 500 萬日圓的存款高牆**（堅持使人生改變的習慣）
- **突破 1000 萬日圓的存款高牆**（獲得截然不同的人生）
- **開啟致勝的投資生活**（拓展人生）

先以 100 萬日圓為目標儲蓄，接著是 500 萬日圓、1000 萬日圓。
存下 1000 萬日圓之後，你就能過得游刃有餘。
到時無論省錢、存錢、投資，你都能樂在其中。
持續累積資產，然後迎接財務自由（提早退休、財務獨立）的一天。

如果你在有工作的情況下，就已累積到足以達成財務自由的資產，那麼即使面臨身體健康、工作去留、家人長照等問題，也能以比較從容的心態面對。

只要改變生活習慣，就可以達到從容生活的境界。

為了達成這個目標，首先要養成「儲蓄體質」。

儲蓄體質拯救了我的人生。這話一點也不誇大其辭。為了養成儲蓄體質，我減少浪費，用心落實省錢生活。

💲 養成「簡單生活」習慣的重要性

養成儲蓄體質的人不會浪費。

他們不會過度奢侈，而是持續過著「簡單生活」，降低支出，將每個月剩餘的錢投入儲蓄或投資。

一部分擁有這種體質的人，在三十至五十來歲就達成了財務自由。

不光是出來創業的老闆，也有愈來愈多上班族實現了這項目標。

無論你收入多高，如果你總是過著開銷龐大的「奢侈生活」，那麼能投入儲蓄和投資的錢將所剩無幾。即使你賺了錢，揮霍度日也會

讓你的人生變得綁手綁腳。

如果你沒有節約的習慣，即使突然從天而降 1000 萬日圓現金，也會很快就全數花光。

現代人的生活少不了儲蓄和節約。

你能不能養成「簡單生活」的習慣，把目光放在未來，堅持珍惜用錢呢？

這將決定你今後的人生走向。

如果你早已習慣開銷龐大的生活，很可能退休後轉眼間就花光了養老金。

請趁著有收入的時候養成「簡單生活」的習慣，將多餘的錢存起來或用作投資，建立未來的養老金吧！

我希望十幾歲、二十幾歲、三十幾歲的朋友都能學習我的方法，也推薦這套方法給四十幾歲和五十幾歲的朋友。即便五十歲後再開始也不晚，反而可說是絕佳的時機。當你收入穩定，子女也都獨立之後，更容易降低開銷。

存錢不分早晚。

也不需要特別下工夫。

請將本書閱讀到最後，拋開為金錢煩惱的人生。

第 **1** 章

為什麼
「先認真存到
100萬日圓！」
很重要

為什麼「儲蓄弱者」在二十幾歲就存到了 2000 萬日圓？

我一直到幾年前都還是負債累累。

甚至討厭起自己的個性和生活模式。

有一天，我放下所有的自尊心和虛榮心，把自己當作「日本最沒用的廢柴」。然後，我決定讓自己不再為金錢所苦。我下定決心，既然自己只是最底層的傢伙，那麼接下來就只能往上爬，這是唯一的路。

我喜歡的漫畫《進擊的巨人》裡有個角色叫做阿爾敏・亞魯雷特，他有一句名言是「為了獲得，必須先捨棄」，這句話深深觸動了我。於是，我決定捨棄生活中所有帶來開銷的事物。我展開一段貫徹到底的省錢生活。

具體做法包含不買家具，全部用紙箱代替，連電視也不需要。此外，我一天只吃一餐，盡可能降低伙食費。當時，**我省錢省到變成存錢機器**，每個月的生活費降至 5 萬日圓以下。

然後，我找到了一份正職，而且第一份薪水實拿超過 20 萬日圓，感動萬分。在那之前的打工大多月領 5 萬、8 萬日圓，最多也才 11 萬日圓，所以我很驚訝能一次拿到這麼多薪水。我好像看見了希望，說不定我真的可以還清債務！

習慣當個省錢機器、持續減少支出的生活之後，我接著挑戰了第

二個課題：增加收入。

　　我選擇可以做兼職的公司，每星期上班五天之外，同時從事時薪 1500 日圓以上的打工，每個月因此多賺 5 萬至 10 萬日圓。

$ 靠副業和紙箱家具達成精準省錢術

　　我在上班之餘還去打工，每天拚命工作，工時長達十二至十六小時。可說是過著只有睡覺和工作的生活，只要醒來就是在工作。另一方面，我也想提高正職收入，所以我考取公司內部的證照，每個月多領 5000 日圓的證照加給。

　　我盡我一切所能提高收入，工作第一年的每月收入就達到 30 萬至 35 萬日圓。

　　加上我的生活費低於 5 萬日圓，所以最少也能剩下 30 萬日圓。我興高采烈地看著存款數字增加，一轉眼就存到了 100 萬日圓。

　　「沒想到能存下這麼多錢！」我感到相當驚訝，而且一個成功體驗又生出另一個成功體驗，我愈來愈享受存錢和省錢的樂趣。

　　無論在上班還是打工，我滿腦子都盤算著「今天時薪多少，所以做完工作就能拿到多少」、「幾個月後可以存多少錢」，心想一年後就可以還清債務。

　　當時，我每天都在看漫畫《黑金丑島君》改編的電影和電視劇，並且將劇中登場的多重債務人投射到自己身上，所以我剛開始省錢時才沒有半途而廢。

　　執行開源節流之後，我實實在在地存到了錢，在金錢上的煩惱也實實在在地變小了。隨著不再為金錢所苦，我開始渴望「找回平穩的日常生活」。

　　我想要像個小學生一樣，單純地該開心就開心、該傷心就傷心，我想變回感情豐富的人。這時的我認為光經濟富足是不夠的，心靈也要富足才行。

　　朝著這個方向改善生活品質後，我終於感到身心都安定了下來。而且，手頭變寬裕後，這些錢也成了我的心理後援，使我感到安心，就好像無論發生任何事我都能屹立不搖。與此同時，我調節我的支出、培養品格與習慣，每個月的儲蓄達到了收入的八成。

　　我在品格上也有所改變，開始能為他人著想。也許你會覺得這是理所當然的事，但我在沒錢的時候，根本無暇顧及他人。直到手頭寬裕後，才終於能以從容的態度面對家人和朋友。

　　而原本自甘墮落過活的我，更養成了運動、下廚、認真工作、閱讀的「好習慣」，當然少不了省錢的習慣。

💲 存不了錢是一種生活習慣病

拜儲蓄所賜，我不僅得以維持身心健康，一年還能存下 250 萬至 300 萬日圓。

工作第一年，我就還清了大學學貸（貸款 384 萬日圓，其中 72 萬日圓未使用。大學畢業後當打工族與啃老族的期間還了 24 萬日圓；剩下的 288 萬日圓債務則在工作第一年還清）。

我終於還清了那些壓在我身上的貸款。

接著，我意識到「除了我以外，應該也有其他人為金錢煩惱」。詢問身邊的人之後，我明白了「**其實許許多多的人都為錢所苦，而且存不了錢**」。

儘管我曾過著負債人生，不論品格、行為、生活習慣都極其惡劣，我仍然成功存到錢，並且在這之後改善了品格和生活習慣。但在我仔細觀察周遭之後，才發現居然有這麼多親友因生活習慣而存不了錢。我發現這些人的觀念、言行、目前的生活，都與養成儲蓄體質背道而馳。

因此，我想要傳達儲蓄和節約的重要性，期望藉此幫助更多人，進而使日本變得更好。於是我開始在 YouTube 發布影片。訂閱人數如我預期愈來愈多，直到現在仍持續成長。

$ 脫離貧窮迴圈的唯一突破點

根據野村綜合研究所推算，在日本，八成家戶所持有的資產不到 3000 萬日圓。我在得知這個統計數字之前，就已透過觀察自己與身邊的人，發現了這個世界讓人貧窮的運作法則。窮人就像掉進迴圈一樣，會持續處在貧窮的狀態。

會存錢的人就是會存錢，存不了錢的人就是存不了錢。存不了錢的人一輩子都無法存錢，永遠都陷在貧窮迴圈裡。我就曾陷在貧窮迴圈裡，不僅從債務和存款餘額來看都是如此，連生活習慣、行為、觀念都和貧窮息息相關。

要脫離貧窮迴圈的方法只有一個。

那就是下定決心，澈底省錢和存錢。下定決心之後，盡全力靠這個方法突破重圍。

具體的三種做法就是前面提到的：「盡量不花錢」、「盡量賺錢」、「盡量用錢滾錢」。

如同我在前言提過，澈底思考了剛出社會的我所能做的事，以及最適合自己當下處境的做法之後，我採取的是「盡量不花錢」，並且專注去實踐它。

「區區 100 萬日圓」你存得到嗎？移開養成儲蓄體質的障礙

在說明如何澈底省錢、儲蓄之前，我要先分享我一直以來主張的論點。

存下 1000 萬日圓的過程中，會依據金額陸續碰到三個障礙。

第一個障礙是「100 萬日圓的高牆」，接著是「500 萬日圓的高牆」，再來是「1000 萬日圓的高牆」。這幾道高牆各有各的突破訣竅，但其實最困難、也最重要的是「100 萬日圓的高牆」。

可別小看這「區區 100 萬日圓」。如果你現在的存款未滿 100 萬日圓，請先認真存到 100 萬日圓吧（如果你已經存到這個數字，為了進一步提高存款到 500 萬、1000 萬日圓，那麼請繼續閱讀下去）。

我可以斷言，**一輩子都不用為錢煩惱的人，以及存不了錢、終其一生貧窮的人，兩者之間的分歧點就在於這「區區 100 萬日圓」存款**。

世界上的富翁和有錢人當然都是早就「存下 100 萬日圓」的人；無論是存款 1000 萬日圓，還是 1 億日圓的人，一定都曾存下 100 萬日圓。另一方面，可能出於個人的虛榮心和面子問題，許多人並不會張揚自己的收支狀況，因此很少人注意到，現今日本擁有 100 萬日圓以上存款的人，其實才是少數。

讓我告訴你一個統計數字，你就能了解存到區區 100 萬日圓其實

並不容易。

　　根據「2021 年關於家庭收支金融行為的世態調查﹝單身家庭調查﹞」資料顯示，單身家庭中，持有金融資產未滿 100 萬日圓及未持有金融資產的人占 47%；此外，從年齡和中位數來看，會發現二十至二十九歲族群的中位數為 20 萬日圓，三十至三十九歲族群的中位數為 56 萬日圓，四十至四十九歲族群的中位數為 92 萬日圓，五十至五十九歲族群的中位數為 130 萬日圓，六十至六十九歲族群的中位數為 460 萬日圓。倘若我們只看平均數，反而很難發現，其實大多數日本人的存款不到 100 萬日圓。

📋 存款未滿 100 萬日圓的占比（單身家庭）

未持有金融資產	33.2%	→ **47%**的家庭存款
未滿 100 萬日圓	13.8%	未滿 100 萬日圓
100 ～未滿 200 萬日圓	6.8%	
200 ～未滿 300 萬日圓	3.6%	
300 ～未滿 400 萬日圓	3.7%	
400 ～未滿 500 萬日圓	2.2%	
500 ～未滿 700 萬日圓	5.2%	
700 ～未滿 1000 萬日圓	5.2%	
1000 ～未滿 1500 萬日圓	5.5%	
1500 ～未滿 2000 萬日圓	3.9%	
2000 ～未滿 3000 萬日圓	4.7%	
3000 萬日圓以上	9.4%	
未回答	2.7%	

資料來源：引自「關於家庭收支金融行為的世態調查﹝單身家庭調查﹞（2021 年）」

📄 存款未滿 100 萬日圓的占比（兩人以上家庭）

未持有金融資產	22.0%	**→ 30.1%** 的家庭存款
未滿 100 萬日圓	8.1%	未滿 100 萬日圓
100～未滿 200 萬日圓	6.5%	
200～未滿 300 萬日圓	4.8%	
300～未滿 400 萬日圓	4.5%	
400～未滿 500 萬日圓	3.3%	
500～未滿 700 萬日圓	7.1%	
700～未滿 1000 萬日圓	6.0%	
1000～未滿 1500 萬日圓	8.2%	
1500～未滿 2000 萬日圓	5.2%	
2000～未滿 3000 萬日圓	7.5%	
3000 萬日圓以上	13.5%	
未回答	3.3%	

資料來源：引自「關於家庭收支金融行為的世態調查﹝兩人以上家庭調查﹞（2021 年）」

　　再看看同一項關於兩人以上家庭的調查，持有未滿 100 萬日圓的金融資產和未持有金融資產的家庭合計占 30.1％。二十至二十九歲族群持有的金融資產中位數為 63 萬日圓，三十至三十九歲族群為 238 萬日圓，四十至四十九歲族群為 300 萬日圓，五十至五十九歲族群為 400 萬日圓，六十至六十九歲族群為 810 萬日圓。難怪許多人聽到退休後需要 2000 萬日圓的養老金之後會大驚失色，畢竟大多數人存款根本達不到，只能不斷為未來的生計來源操心。

　　其實很多人都聽過或懂得儲蓄的重要性，也明白的確需要 2000 萬日圓才能退休養老，但自己還是存不了錢⋯⋯

　　從上述的現象來看，100 萬日圓的門檻乍看之下容易，實際上卻是難以跨越的一道牆。

　　無法突破 100 萬日圓高牆的人永遠都跨不過去，手上的錢重複著增加、減少的迴圈，一輩子為金錢所苦。我就曾經深深陷在這樣的迴圈裡，為了擺脫這種負面迴圈，好不容易才建立起現在的儲蓄人生，順利地跨過了那道高牆。

存到100萬日圓的真正意義

如果「理財」這門學問有必修課程，最重要的就是「儲蓄」課。

「儲蓄」的第一道關卡是100萬日圓，通過這道關卡後才能獲得掌控資產和自己人生的主導權。

昭和時代以前，日本人只要進入公司任職，就能預期自己將隨著年功序列制升遷，獲得薪水、退休金、年金等等。但到了現代，這種期待已愈來愈不可靠。

以退休金來看，根據日本厚生勞動省「就業條件綜合調查」的數據，自 1997 年退休金達到高峰後，2018 年減少達 1000 萬日圓以上。受少子高齡化和人口減少影響，能支撐年金給付的勞工年年減少，形成倒三角形的結構。

接下來的時代將漸漸演進為一面確保收入和累積資產，同時備妥退休金和年金供退休後使用。儘管日本政府正在積極推廣「NISA」和「iDeCo」（詳見第六章）等資產累積制度，但也須手上擁有足夠的資金才能著手使用。

《給膽小鬼的億萬富翁入門書》（中文書名暫譯，橘玲著，文藝春秋出版）一書中將資產累積公式訂為「資產累積」＝「收入」－「支

出」＋（「資產」×「投資報酬率」）。也就是說，要想累積資產，就必須賺錢提高「收入」或是減少「支出」，又或者提高「投資報酬率」。要是你存不了錢，那麼無論你賺再多錢，一輩子也不會有存款；沒有資產，就沒有能拿去投資的本金，因此也無法增加資產。

$ 最萬用的資產累積方式

也許有人認為「省錢好麻煩，提高收入不就好了」。但這在很大程度上取決於公司或個人技能提升、換工作、兼職、創業與否，並沒有萬用的提高收入方法。但是，**不論薪水高低，任何人都可以省錢**。

雖然減少支出也有其極限，就算過著最低限度的文明生活，也很難做到零支出，除非住在原始森林自給自足才可能達成吧。

但有極限也無妨，要想降低支出的方法可多了，例如減少房租支出、先別買車、降低電話資費、不投保不必要的保險……這些方法任何人都能做到，一旦著手執行，將會產生很大的差別。

至於投資方法就複雜得多，尤其要大幅增加資產，我很難說這是任誰都做得到的事。但在低風險低報酬的投資，還有「指數投資」這項簡單的方法（外幣或個股等投資風險較高）。關於「指數投資」，我將在第六章介紹。

　　我想說的是，只要**擁有平均值的收入，在平均值之上節省支出，得到平均值的投資報酬**，就能累積資產。

如何成為掌控金錢的人

　　我的生活重心幾乎都在儲蓄，光是年收入 350 至 400 萬日圓中，每年就存下 200 至 300 萬日圓。假設我平均每年都存 250 萬日圓，持續十年就有 2500 萬日圓。

　　我認為這種「**儲蓄體質」是最強的武器**。為了獲得一輩子不受金錢所苦的最強武器，第一步就要跨越 100 萬日圓高牆，然後在過程中養成「儲蓄體質」。

　　世界上的人分成兩種：能掌控金錢的人，以及受金錢擺布的人。如果你能存到 100 萬日圓，就代表你是能掌控金錢的人。

　　老是受到情緒化的伴侶擺布，不但很累，也會累積壓力。儘管仍有人樂此不疲，我倒是會愈來愈不耐煩。同樣的道理，總是被金錢耍得團團轉時，也會因為長期累積壓力而情緒波動，例如得留意每月支出，或是需要用錢時帳戶卻見底。

　　我認為，以平靜的心面對錢，就是與錢最剛剛好的距離。能夠做到這一點，就能擁有自己的購物標準，也能了解如何存錢。擁有 100 萬日圓存款後，就能建立起與理想的距離感，同時獲得俯瞰自己的視角。接著再以長期的觀點建立金錢與人生的價值觀，就能逐漸掌控金錢，在資本主義社會中生存。

當你不再受金錢擺布時，才能擴大你的視野，思考你想要的人生、有興趣的事物、想做的事、理想的生活方式、真正想做的工作。讓你不必在一開始就因為做不了而放棄那些選項。而且，儲蓄的成功經驗會讓你產生信心，激發你想挑戰更多事物的欲望。有了後盾，不需要再背水一戰，你會更有勇氣挑戰一切。這就是有存款和沒存款的不同，簡直有如天壤之別。

最重要的是，持續成長的資產餘額令人心情愉悅，你會相信未來將變得更好，也會願意更努力工作、存更多錢，然後想像更美好的未來。

在此想分享一句我很喜歡的名言，那是我偶然在大型論壇上看見的一句話：

「先存下 100 萬日圓，人生就會有所改變，沒有希望的人生將煥然一新，錢和你自己不會背叛你。」

我完全贊同這句話。也許有些人會覺得存下 1 日圓、10 日圓或 100 日圓沒什麼用處，或是覺得省下 1 日圓、10 日圓、100 日圓沒有效益。但請別忘記，100 萬日圓的存款就是從省下 1 日圓慢慢累積而成的。

不論你的年收從 100 萬日圓變成 300 萬、500 萬日圓，還是存款從 0 日圓變成 100 萬日圓、1000 萬日圓，金錢本身的價值都不會變，會改變的只有你這個人。

「應該從幾歲開始存錢？」「現在存錢還來得及嗎？」的答案

我常在我的 YouTube 頻道上看到「請問四、五十歲才開始存錢還來得及嗎？」的留言。

來得及，現在就開始存錢吧！

真的只有願不願意做的差別而已，如果你今天不開始做，十年後一定會後悔。既然現在有了這個念頭，為了不在未來後悔莫及，請馬上開始儲蓄吧。

既然下定決心存錢，100 萬日圓是連學生也存得到的金額，只要改善一點習慣就能做到。如果每個月想辦法存下 2 萬 8 千日圓，三十六個月後就能累積到 100 萬日圓。

要是你身處容易使你花錢的環境，只要看看我這樣的「存錢機器」，應該多少能獲得一些刺激，畢竟人本來就容易受環境影響，這並無好壞之分。這本書要教你的是如何存下 1000 萬日圓，以及能達成目標的觀念。**就算你不喜歡，我也會讓你存到錢，迷惘的時刻就翻開這本書吧。**

說句題外話，我走路時經常不自覺看地上，因為我總是在注意有

沒有錢掉在地上。當然，即使有錢掉在地上我也不會順手牽羊，我想表達的是，我在生活中總想掌握錢的態度。

　　幸福不會從天而降，必須自己抓住它。

　　錢也是如此。存不了錢的人要不是想存卻毅力不足，就是不想存錢，或是不覺得有必要存錢。

第 **2** 章

我成為存錢機器前的
窮忙人生

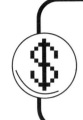

才十幾歲什麼都不懂就
背負 300 萬日圓債務

在教你如何養成存到 100 萬日圓的最強儲蓄體質之前，我想先分享過去身為「儲蓄弱者」的自己，是如何走到今天的。

十幾歲的時候，我就讀地區型公立學校，每個月從母親手上領 5000 日圓的零用錢，過著極其平凡的生活。

之後面臨了高中畢業後要讀大學還是技職學校的人生選擇，我和父母經過一番討論，他們說如果我讀縣內的技職學校，就會幫我出學費；但要是我跑去外縣市讀大學，就要自己付學費。

當時，我還不太清楚明確的未來志向，只隱約察覺到自己想成為助人的警察或教師，因為我有個相當尊敬的師長。而我自行查詢資料後，也發現念大學比較適合我。於是我考上了首都區的私立大學，並且申請學貸支付學費。

$ 背負 384 萬日圓的貸款

我打算申請的貸款有兩種：一種是無息貸款，另一種是有息貸款。本來想盡力爭取無息貸款，但因為成績和家庭因素，最後只能申請每

個月撥 8 萬日圓的有息貸款。

於是，我在大學畢業之前，就確定自己身上扛著 384 萬日圓的貸款，加上畢業後要還的利息，總還款金額為 516 萬日圓。

那時我連利息、利率都不會算，但每每想到這個還款數字，就令我坐立難安。老實說，我真的不知道未來能不能順利還完這些錢……

滿懷著不安的心情，進入大學後，參加了學貸說明會，居然在會場內看見了包含同一個研究室的朋友和熟人在內的大批學生，這才明白「原來這麼多人都辦了學貸，我並不孤單」，內心頓時湧現莫名的安心感。

剛開始存錢，卻一邊亂花錢

在那之後，我開始打工，拿到人生的第一份薪水，和每個月學貸撥下來的金額一樣是 8 萬日圓。我一邊因為工作獲得酬勞而感到開心，卻也同時覺得「如果把這 8 萬日圓當作我欠的錢，那我不就形同在做白工嗎？」，光這麼想就令人煩躁不已。

結果，我在大學第一年努力賺了將近 100 萬日圓，卻無法擺脫**無論我賺多少都要和債務抵銷**的念頭。

為了脫離這個困境，我一點一點慢慢存錢，到了大學第二年累積達成 80 萬日圓的存款。父母稱讚我「做得好」，我也因此獲得了一點希望和自信。

然而，一位大學學長的建議卻動搖了我的自信。他說：「KURAMA，學生能賺的錢不管怎樣都很少，畢業後工作就能賺大錢了。不如把現在賺的錢拿來自由運用、投資自己更好喔。」

單純如我受到這個建議影響，便改變了想法，心想「學長說得沒錯，就拿來花吧！」。接著我又想，既然要花錢，乾脆報名理財規畫師（FP）的證照課，不僅能提升理財觀念，也有助於未來求職。

但諷刺的是，那套課程反而讓我發現了自己人生計畫中面臨的現實，我因為過度絕望，便一腳踏入了享樂的浪費生活。

$ 理財規畫師證照課讓我對人生規畫感到絕望

　　我在辦學貸前曾聽老師說「考慮到大學畢業學歷和高中畢業學歷的生涯薪資差距，就值得你借錢讀大學」，這句話成了我的心靈支柱。

　　然而，當我在理財規畫師證照課上實際為我的人生做規畫時，我發現在背負這麼高額的債務之下，即便擁有大學學歷，無論工作得再拚命，手中都留不住多少錢……

　　我明白了我並不想面對的現實，結果才上了一半課程，就再也不去了。

　　接著，我花錢如流水，原本一天 500 日圓的伙食費變成 1000 日圓、1500 日圓；還把錢灑在遊戲上，即使交情不深的人約聚餐，我也會赴約。我用花錢來逃避現實，紓解壓力。

　　當時我每個月的電信費和網路費高達近 2 萬日圓，還砸下大約 20 萬日圓報名公務員補習課程，存款餘額只剩不到 10 萬日圓。

因為待業和欠債而足不出戶，
甚至與朋友斷絕聯絡

我開始自暴自棄，無論待人處事或個性上都變得相當惡劣。

我經常焦慮到對朋友或女友態度不佳，欠債的陰影始終揮之不去。我的生活逐漸失序，還會遲繳水電費等費用。

我並未在大學畢業前找到工作，於是畢業後返回老家準備公務員考試，待業兩年。這段期間的我不僅是個窮光蛋，出於自尊心、虛榮心及某種情結作祟，整天窩在家裡，完全不回覆他人邀約，好幾次都無視做人應有的禮節。

我因為遲繳貸款和國民年金，三番兩次遭到催繳，而第二年的公務員考試依然落榜。

「你下一步有什麼打算？再這樣下去可不行。你得生活啊！」在父母的勸說下，即使我百般不情願，還是打起精神求職。

我決定**把目標範圍縮小為「可以存錢」的工作**。雖然我因為欠債的痛苦而過著自甘墮落的生活，但心裡仍潛藏著「得做點什麼才行」的念頭。

我想要進入能盡量省下生活費、又能多賺點錢的公司。具體來說，

我只應徵那些不需要開車、也不用花錢租房子的職業和公司。終於，我收到了幾個東京的正職錄取通知，便再次來到東京。

　　接著，我再度展開了瘋狂省錢、儲蓄的生活。

第**3**章

八成儲蓄率的
精準節約術＆魔鬼儲蓄法

建立儲蓄基礎的重要性

前情提要有點長，接下來要向各位具體介紹我所實踐的存錢術。

首先，在存到 100 萬日圓以前該做的事情是「建立儲蓄基礎」。

其實，並不是只有我的方法能存到 100 萬日圓，靠其他方法也能達成這個目標。但是，如果你能從一開始就徹底實踐我的方法，養成儲蓄體質，存款累積的速度將會愈來愈快。請徹底「養成習慣」，這是最關鍵的要素。

儲蓄並不會讓你在一夕之間存到 100 萬日圓，你只能一步一腳印慢慢累積存款。一開始必須捨棄無謂的消費，減少每月支出，**靠著每次一點一滴的結餘步向 100 萬日圓存款**。

假如你並未設下諸如「一年存 100 萬日圓」的期限，那麼就算你不降低房租支出、電信費、伙食費、保險等支出，也還是可能在某天存到 100 萬日圓。

但是，我在前面的章節也提過，存到 100 萬日圓之後還有 500 萬日圓以及 1000 萬日圓的高牆，為了跨越這些高牆，現在必須好好建立基礎能力，建立存錢習慣，徹底養成習慣存錢的生活和儲蓄體質。

$ 從長遠的觀點思考

首先，請凡事都從長遠的觀點來思考。我身邊存得了錢的人，都是從長遠觀點來思考事情。

也許有人會覺得，從長遠的觀點思考就是「壓抑欲望」、「先苦後甘」，但這麼想很容易就會產生「我辦不到」、「還是想及時行樂」的情緒，這就不是我希望大家建構的心態。

在能存錢的人眼中，所謂長遠的觀點指的是沉著冷靜，**尋找自己能持之以恆的舒適標準，藉此養成習慣和付諸實踐。**

此時請勿與他人比較，不需要抱持「那傢伙怎麼可能有辦法省錢」、「我比較會省錢」、「他的伙食費支出也太高了」這種想法，這些都沒有意義。

「別人是別人，你是你」——這麼想才能幫助你達成長期儲蓄的目標。如果無法建構出這種心態，恕我直言，儲蓄這件事對你來說會很困難。

$ 鞏固儲蓄基礎，鬆散的地基蓋不起房子

　　請隨時以長遠的觀點思考，養成持之以恆、不勉強自己的儲蓄習慣。存到 100 萬日圓之後，這將會成為你跨越 500 萬日圓、1000 萬日圓高牆的基礎。

　　在鬆散的土地上無法立起柱子，就算勉強立起柱子，一遇到小地震就會崩塌。

　　請在「長遠的觀點」這個穩固的地基上，扎實地立起一根根資產的柱子吧！只要能建立穩固的地基，無論遇到什麼樣的誘惑、人生大事，甚至是突如其來的災害，也絕對不會出現大崩塌。

　　我再說一次，「存下 100 萬日圓」的階段將為你建立存下 1000 萬日圓、一輩子不必為金錢煩惱的穩固地基。

從眼前的固定費用開始刪減

接下來，開始建立儲蓄習慣吧。

首先是壓低支出，請刪減固定費用和變動費用。

所謂固定費用，指的是每個月固定的支出，大致上包含教育費、水電費、電信費、房租支出、養車費用等；變動費用則是每個月不固定的支出，金額會變動，包含伙食費、娛樂費、社交開銷、雜支等（請注意，這是我自己定義的分類，每個人區分固定費用和變動費用的方式都不同）。

應該如何刪減、要刪減哪些固定費用和變動費用呢？由於是相當基本的省錢原則，或許大家多少都聽過了。但也因為很重要，我還是要強調：

先從固定費用開始刪減。

⑤ 固定費用＝每個月固定的支出

總之，請先從每個月固定的支出開始刪減，也就是從固定費用開始刪減。並不是要你像教科書一樣澈底區分出固定費用和變動費用，

📋 固定費用是什麼？

固定費用
居住費用
水電費
電信費
保險
教育基金

變動費用
伙食費
社交開銷
娛樂費
雜支
服飾消費

從每個月固定的支出
開始刪減！

重點是先從每個月固定的支出＝固定費用開始刪
減，如果弄錯刪減的順序，省錢效率會變差。

重要的是**刪減「順序」，務必先從眼前的「每月固定支出＝自己定義的固定費用」開始刪減。**

　　說得更極端一點，只要確實刪減固定費用，甚至不需要刻意壓低變動費用。但如果弄錯刪減順序，不只會導致省錢效率變差，也可能省不了錢；或是自以為在省錢卻根本沒存到錢。

　　如果能夠刪減我接下來要介紹的三種固定費用，你就成功了！請務必好好檢視這三種固定費用。

掌控房租支出
就能跑贏儲蓄耐力賽

第一個要刪減的是居住費用，**請記住，「掌控房租支出就能跑贏儲蓄耐力賽」**。

我在背債的學生時期明白了一件事：人一輩子要花 6000 萬日圓在房租支出上。老實說，我非常恐懼，原來光是居住就要花這麼多錢。

愈是思考人生規畫，就愈感到絕望。因為在日本，做一般的工作不容易加薪，加上日本的經濟每況愈下。然而，儘管大家嘴上說著「不景氣」，卻還是花大錢買房、買車、辦婚禮……「結婚戒指要用三個月的薪水來買」這種經濟成長時期的觀念，到現在居然都沒有改變，實在太奇怪了。現今時局不穩，許多金錢觀卻從未改變，人們根本是在不知不覺慢性自殺。

時代變了，觀念也必須更新，現在這個時代和過去可說是完全不同了。

早年的觀念是「房租支出應控制在實拿收入的三成」；但**我必須說，以現今的觀點來看三成太多了**，這樣永遠會受到金錢牽制。

假設實拿收入是 15 萬日圓，那麼拿三成繳房租就是 4 萬 5 千日圓；如果實拿收入 18 萬日圓，房租就是 5 萬 4 千日圓；實拿收入 20 萬日圓，房租就是 6 萬日圓；實拿收入 25 萬日圓，房租就是 7 萬 5 千日圓；實

拿收入 30 萬日圓，房租就是 9 萬日圓；實拿收入 40 萬日圓，房租就是 12 萬日圓……薪水愈高，房租支出也愈高，就像要繳的稅金隨所得上升一樣。

不過，請放心，房租支出並不像稅金只能以節稅的方式有限節省，而是可以自己掌控，這是多麼棒的一件事，房租支出是你可以自行壓低的支出。

💲 我的房租支出只有實拿收入的 2%

所謂「房租支出是實拿收入的三成」，會依居住地是郊區還是市區而定。但我希望你能盡量壓低房租支出，別將「房租支出是實拿收入的三成」當作根深蒂固的觀念。

我在日本關東地區鄰近首都一帶居住與工作，我每個月實拿的收入是 23 萬 5 千日圓，如果我拿其中三成繳房租的話，我將會住在月租 7 萬日圓的房子。然而，我實際的房租支出是 5000 日圓，並不是少寫一個 0 喔！而是我把房租支出壓在實拿收入的 2%，**從一般觀念的 30%壓至 2%**。這是因為我任職的公司提供了房租津貼。

當我像這樣盡量壓低房租支出後，我的實際感受是手頭變得相當寬裕。房租支出降得愈低，生活就愈感寬裕，無論精神上或經濟上都

變得有餘裕。

　　提高房租支出的意義是提高生活水準，接著會希望物質生活也配得上高昂的房租水準。一旦提高了房租預算，住進寬敞豪華的房間，就會想要購買相襯的家飾配件、甚至汽車等；如果住在狹小的房子裡，就算想買也沒地方放，反而能在物理上過著極簡生活，**自然而然成為時下流行的極簡主義者。**

　　請看看重劃區的獨棟新房吧！住在那種房子裡的人大多會買新車、搭配漂亮的家具與精美的裝潢。人類一旦住進漂亮的大房子裡，無可避免地會渴望與之相襯的物質生活。

理想的房租支出＋租屋補貼，目標是實拿收入的一成

　　但不是每個人都能像我一樣，「房租支出是實拿收入的 2%」，因為很多公司並沒有提供房租津貼。因此，我想再進一步談談關於「房租支出是實拿收入的三成」的觀念。

　　「房租支出是實拿收入的三成」——最好將這個觀念當作「上限」，也就是「最高三成」。**請不要超過三成，不要付這麼多房租。**我認為，房租超過三成的人並不適合儲蓄；房租支出愈低，才能獲得愈多可自由支配的所得。

　　反過來說，要是房租支出占去實拿收入的四成、五成，等同於收入有一半都花在固定支出上，太不成比例了！無論你再怎麼努力工作，那些努力工作的時間有一半都用在房租上。而那些錢不知道能吃幾碗牛肉蓋飯吧？光想就不寒而慄。

　　假設實拿收入是 40 萬日圓好了，卻把其中 20 萬日圓拿來付房租，根本無法過著稱得上安穩的生活。不僅手頭會非常吃緊，要是遇到公司裁員、破產或是意外事故，收入變得不穩定，這時還有辦法維持生活嗎？所以，請用盡各種方法降低房租支出吧。可以去提供宿舍或房租津貼的公司工作，也可以選擇住在郊區、合租、與熟人或父母同住。

$ 房租支出是人生三大支出之一

請算算看自己現在的房租支出是實拿收入的幾成，如果接近三成的話，建議再壓低一些，才有助於儲蓄；如果超過三成，請考慮搬家，或是提高收入、降低其他生活支出，壓低房租支出費用的比例。

我認為房租支出最好壓在實拿收入的兩成，這是我得出的結論。若要更嚴格一點，我希望壓低至一成，如此一來就能真正輕鬆度日，畢竟房租支出（居住費用）是人生的三大支出之一啊！

如果我不是在能提供房租津貼的公司上班，那我會以「房租支出是實拿收入的一成」為標準，因為我明白房租愈高，手頭就愈吃緊。

即便我這麼說，可能還是有人認為「我每個月才實拿 10 萬日圓，房租不就只能支出 1、2 萬日圓，怎麼可能？」。這時請慎重考慮與熟人合租或與父母同住，盡量壓低房租支出吧。

這不是一件容易的事。而如果你真的收入太低，負擔不起房租，請務必嘗試提高收入，或是選擇不用付房租的生活。

即使難以改善現況，**也請盡量釐清不去做、或是做不到的原因，並且思考自己可以怎麼做來達到目標，這樣你讀這本書才有意義。**

當從數據顯示無法實現目標時，能存錢的人會看清現實，以邏輯分析，採取其他方式來達到目標。

選擇不買車，才能壓低支出

第二個要刪減的固定費用是「車」。最好的做法就是：「不買車」。

我在大學時就開始為自己做人生規畫，評估過後決定為了存錢而不買車。假如買了車，**從二十歲到七十歲養車，一輩子的買車和養車費用就要花費約 4000 萬日圓。**

有車的困擾在於各種固定的養車費用，以及必須定期換新車的開銷。換車時，好不容易存下的錢又要全數付出去，這樣根本存不了錢。更何況，像我這樣扛著學貸、收入又不高的人，經濟情況只會更險峻。

我有個獨居的朋友是擁車族，我曾經問他花多少錢在車上，聽到他的回答後，我震驚不已。要是我必須花那些成本養車，我應該不可能提早還清學貸。再加上我想存更多錢，有車人生對我而言太花錢了。

另一方面，我認識的一位學長也沒買車，很快就還完學貸了。他的例子讓我更加肯定，只要想做一定辦得到。

我必須不依賴車生活，得朝這個目標規畫人生才行。

於是，我出了社會之後，因為沒買車，才能以最快的速度還清債務。不只是我，我身邊能將支出大幅壓低的人，都沒有買車。

擁車的方便性和藉此彰顯的地位都是擁車的優點，但沒有車的生

活，反而能讓你的人生多一分從容。

　　這個觀點對於培養儲蓄體質有很大的幫助。因此，我非常建議大家將「不買車」的決定納入日後的生活規畫。

讓生活不必有車

「不買車？但是我在工作和生活上都需要車。」我想這應該是很多人的心聲。而我想到的解決方法是：「選擇不需要有車的工作」。

$ 選擇不需要有車的工作

只要在求職網站上設定「不需要有駕照」的搜尋條件，就能確實找到不需要有車的職缺。就算是得開車跑行程的業務，如果公司有提供公務車，員工通常也可以不買車。

雖然不少人是為了通勤而買車，但在當前資訊化的時代，在家工作、遠端工作的情形愈來愈多。當然上述狀況依據職業種類而有所不同，因此你大可以在一開始就從事不需要有車的職業。

$ 居住在不需要有車的地方

要在某些地方生活絕對少不了車，車就像是重要的雙腳一樣。我也是出身鄉下的人，完全可以理解這種不便。

既然如此，你可以選擇居住在不需要有車的地方。都市化程度愈高的地點，愈符合這個條件。

可是反過來說，都市化程度愈高的地點，房租往往也愈高。因此整體來看，最好的選擇是在都市工作、在郊區居住。如此一來，即可有效提升實質收入。例如在東京工作的人，不妨選擇住在千葉縣、琦玉縣、神奈川縣等周邊地區，以降低固定支出。

從郊區搭乘電車到都市工作，可以獲取都市的高薪，同時享受生活費低廉、不必有車的郊區生活。

$ 汽車以外的選項

除了汽車，你還有其他選項。

如果是摩托車，保養費用可說微不足道。 只要投保機車責任險就能避掉許多風險，也不需要負擔高額稅金，稅金大約 2000 日圓而已。因此，我認為摩托車是不錯的選項。

　　此外，還有自行車這個選項。許多地方都能免費停自行車，車站前的自行車停車場可能要收費，但很少出租房屋會收取自行車的停車費。

　　要是擔心自行車遭竊，也可以買折疊車，平時就收起來停放在室內。如果你住的地方要收自行車停車費，我也會建議你停放在室內。

💲 如果真的需要汽車

　　單身族通常能從上述選項中做選擇，但有家庭的人大多還是需要買車。如果你真的需要開車，合購也不失為一個好選項，你可以和親戚朋友、熟人合購汽車，甚至與陌生人共享汽車。

　　除此之外，也可以租車，在需要用車的時候租借使用。

　　如果你真的每天都需要用車，那我建議你買二手車，而非新車。二手車的話，某些車種有機會以新車的七、八折價格買到。

　　而且，最好選擇轉賣價值高的車款。LEXUS、Alphard、Vellfire 等**熱門品牌不容易跌價**，換車時容易高價賣出。請在經過這層考量後，購買熱門車款吧。如此一來，即使在你擁車期間，仍然能以較低的成本提高 CP 值。

　　雖然我分享了許多不買車的規畫，但我並不是完全否定買車這件事，也絕對不會說任何人都不該擁有車。

　　我相信，一定有些地方只能開車前往，也一定有些體驗唯獨擁車族才能獲得。

　　如果你並不是為了虛榮心而買車，或是**車能帶給你可觀的必要價值**，那我認為**買車也是好的決定**。

保險不是必備，盡量不投保

第三個要刪減的固定費用是保險。保險並不是人生的必需品，請「盡量不投保」，我本人也盡可能不保保險。

請先好好思考，為什麼人要投保？如果不先釐清保險的意義，就會無法理解投保的本質，並且因此保到不需要的保險，往後甚至可能發生糾紛。

保險這個制度，是由許多人一起出錢，用那些錢來幫助其中有困難的人。有人能使用到那些錢，但也有人不會用到，因此保險公司才能從中獲益。從死亡率等統計數字來看，保險公司基本上都有利可圖。假如有一百人投保，而且這一百人都獲得理賠金，保險公司就會破產；實際上不可能所有人都有資格獲得理賠金，因此保險這門生意才成立。

我們是為了什麼而投保呢？當然是為了以防萬一。儘管發生事故的可能性不高，可是一旦發生，我們無法單靠自己應付，所以交由保險來支援。這個想法本身沒問題，但若是以這個想法為基礎，一旦事件發生時，我們手上有現金，那麼基本上我們並不需要保險。

首先要了解自己希望保障哪些風險，比如死亡、疾病、火災等等；接著要了解承保範圍內的風險發生時，自己需要多少金額的經濟保障。請先釐清這兩點吧！

真的有必要買這種保險嗎？

　　我個人認為，真正必要的保險是火災險和汽車責任險。如果家裡有小孩、家庭主夫／主婦的話，或許還需要不還本型的壽險。

　　即使如此，我基本上還是採取不買保險的原則。這項原則可能無法適用於所有人，但請在買保險之前好好捫心自問：

　　一定要透過投保來避險嗎？真的只能買保險，不能靠存款嗎？

　　接下來，我想介紹幾個具代表性的保險類型。

$ 子女教育保險

　　子女教育保險是用來規畫子女教育資金的儲蓄型保險。這種保險的確可以保障子女的教育資金，形同強迫我們儲蓄，而且無法像銀行存款一樣可隨時提領，也比較容易守住子女的教育資金。假如希望未來確實保有一筆資金，那麼子女教育保險的確是可行的選項。但是，子女的教育資金真的無法自己籌措嗎？靠存款不夠嗎？

　　子女教育保險有「無法拿回所有本金[1]」的風險，報酬率也未必有利，還有緊急時可能無法使用的嚴格規定。**如果是我的話，我會以存款和投資資產來支應。**既然有「無法拿回所有本金」的風險，那我不如使用累積型 NISA 等資產累積制度（詳見第六章）還比較有利。

$ 壽險

　　據說日本人最喜歡保壽險，但這真的是所有人都應該投保的險種嗎？如果你死亡後沒人能領取你的保險金，那又何必投保呢？我認為投不投保要看條件，並非一體適用。

　　如果你有小孩，那你或許需要這種保險，但我建議選擇不還本的類型。只要你平常有儲蓄習慣，那就不需要投保儲蓄型保險。

1　日本有些子女教育保險帶有醫療險附約，這種類型可能無法拿回所有本金。另外，中途解約也可能無法拿回所有本金。

$ 寵物保險

寵物保險無法預防疾病和受傷，比起投保寵物險，你更應該小心別讓家裡的寵物生病或受傷（我相信大部分的飼主都很小心）。

更何況，寵物保險不會替你支付所有的醫藥費，很多寵物疾病並不在承保範圍內。

 # 日本人已經加入最強的保險

為什麼我會採取不買保險，尤其是不買壽險（醫療險）的原則呢？那是因為日本人已經加入了世界上數一數二強大的「健康保險」。

我們每個月的薪水都要先扣掉高額的健保費，這是為了什麼呢？

就算你不太清楚這件事，也應該知道假如談好的月薪是 20 萬日圓，公司並不會匯給你整整 20 萬日圓的薪水吧。薪水中，除了所得稅，也會先扣掉健保費。其實**我們早就在繳「健保」這筆高額的保費了**。

不過，拜這項社會保險所賜，當我們生病去看醫生、接受治療時，個人僅需負擔三成費用，真是謝天謝地啊！所以我才會思考，既然已經加入了健保，何必再投保其他保險呢？

$ 民間保險是以社會保險為基礎來設計

有些人會投保民間的醫療險，大多是擔心住進非健保病房或接受先進醫療服務時，可能需要花上數十萬日圓的醫療費。但是，在醫療上一次自費數百萬日圓的案例相當少，這是因為日本有「高額療養費

制度²」這項完善的制度。

　　政府提供的社會保險的確不涵蓋非健保病房，以及住院時的伙食費等支出。為了補足這些社會保險未涵蓋費用，民間醫療險會以現金理賠給被保險人。

　　但是，為了那些住院時的自費項目，每年要繳數萬、數十萬日圓的保險費，而且持續好幾年，甚至數十年，我認為這實在不合理。要是有錢繳那些保險費，不如全部存起來，需要時再拿出來補足自費的費用就好。

　　我想應該有人覺得「保險願意理賠真是得救了」，卻又同時認為「花掉積蓄代表存款減少，感覺是一筆損失」。既然領錢出來覺得是損失，那**為什麼會認為保險就像是一筆從天而降的錢呢**？那些錢只不過是從你長年以來付出的保險費中支付給你罷了。

💲 留著 100 萬日圓的現金以防萬一

　　說到這裡，究竟生病時手邊有多少存款才足夠？我個人安排了大

2　日本對於不同年齡和收入的人分別設有個人負擔醫療費上限，並且補助超過
　　上限的部分。

約 100 萬至 200 萬日圓，作為隨時都能動用的資金，我想這樣應該足夠。假如能隨時動用的資金至少有 30 萬至 100 萬日圓，那麼大多數情況應該都能應付。

我再強調一次，日本有健保制度，不會因為看醫生而突然花掉一大筆錢。即使真的遇到這種狀況，只要先存好足夠的資金就行了。**為了這個目標，與其勉強自己投保多種保險，不如好好降低每天的固定費用。**

況且，保險屬於流動性極低的金融商品，它會限制住你的資金。如果你存在銀行的活儲帳戶，或是運用累積型 NISA 制度投資，必要情況下還是能提領出來。

平時注重身體健康
就是最強的省錢招式

為了避免讀者誤解，我必須先澄清一點，要是拿健康和金錢相比，當然是健康重要。

但是，就算投保了保險，也無法保證能治好疾病。

與其生了病之後領取保險金，不如每天注重身體健康，那才是未來的保險。

例如不吸菸、不喝酒、不暴飲暴食，以及飲食注意避免攝取過多鹽分和澱粉，並且攝取均衡營養。千萬不可以過胖，那樣不僅會增加伙食費，還是疾病的根源。一旦膽固醇過高，得了糖尿病，就可能進而引發腦中風和癌症。

此外，也請養成運動習慣。我為了身體健康，每星期五天（假日以外）做伏地挺身一百下、仰臥起坐一百下、深蹲一百下，以及健走三十分鐘至一小時。

當然少不了早睡早起，盡可能保持充足的睡眠。

$ 為了存錢，你要注重身體健康

我出了社會之後，一度變得很胖。後來我對此深刻反省。

以我的經驗來說，人愈窮，就愈不注重健康。倘若不好好管理飲食、養成運動習慣、擁有良好的睡眠品質，人就會變胖，甚至危害健康。

一旦變胖，就需要花更多錢。肥胖會造成許多疾病，也必須買新的衣服。我深深明白肥胖衍生出許多花錢的原因，因此我深刻反省，為了做好健康管理、維持良好體態，我必須好好調整我的生活。

話雖如此，去健身房也要花錢。每家健身房費用不同，假設每個月要繳 7000 日圓，一年就要花 8 萬 4 千日圓。實在是可觀的數字，所以我會自己在家做仰臥起坐和深蹲等重訓項目。

如果你的目標是線條完美的身材，那你可能還是要去健身房使用專業器材；但如果你只是像我一樣為了健康著想，比常人多點肌肉就好，**那麼在家重訓就足夠了**。

順帶一提，我在前面的章節討論過買車這件事，一方面也是因為不想投保才不買車。要是買了車，就必須投保強制險；而沒有車，就不需要買車險。

我善加規畫並實踐不仰賴保險的生活。

　　總之，極力**不依賴保險，寧可用存款來應付突發狀況，實在支應不來的部分再投保**，這是我貫徹的原則。

自己煮最省錢，從伙食費下手，大幅壓低變動費用

接下來要減少變動費用。

首先是伙食費，我直接說結論，關鍵在於自己煮。

$ 自己煮能兼顧省錢、趣味性、健康管理

比起外食、微波食品或市售便當，不如自己煮。

過去我總是買外食、微波食品、市售便當來吃，結果就如同前面所述，不僅變得超級胖，對健康也不好，晚上都睡得很差。

最討厭的是，這麼做很花錢！所以，請自己煮。購買食材的費用比較便宜，而且可以做很多。

至於**要去哪裡採買，我推薦「好事多」、「業務超市」、「肉之花正」**[3]。只要購買大包裝的肉品，料理之後妥善保存，就可以降低每餐的平均伙食費。

此外，我也推薦透過繳故鄉稅（詳見第五章）的方式來獲得食材，

3　後兩者是以日本的食品業者和一般顧客為客群的批發超市。

可以選擇十公斤的米或四公斤的肉品，如此一來即可大幅壓低伙食費。

　　自己煮還能精進料理技巧。我認為，所謂的省錢生活少不了累積自己煮的功力。學校的家政課都會教做菜，可見這項技能在日常中的必要性。

　　只要每天自己煮，廚藝大多會進步。廚藝逐漸提升後，就能隨心所欲烹飪喜歡的料理。像我就學會了東京和大阪人氣名店「TsuruTonTan」的烏龍麵，也會做起源於名古屋的「客美多咖啡廳」的披薩吐司，非常美味。

　　我會開始享受下廚，是因為在電視上看了速水茂虎道的節目《食尚帥主廚》，希望自己也能成為會煮飯的男人。當我做給父母、朋友享用時，看見他們開心的模樣，就更加熱愛下廚。

　　下廚是一種獨立生活的技能，這項技能相當重要。倘若能獨力包辦大小家務事，生存能力肯定不在話下。結婚或同居後，女性做家事、男性外出工作這種男主外、女主內的觀念已是老古板了。我認為不論男性或女性，雙方都能自由選擇做家務或工作，並且有能力獨自完成所有事。

　　自己煮也有助於健康管理，患有高血壓、糖尿病，或是正在減肥的人，需要格外注意所攝入的鹽分、熱量和糖分。我們無法管理現成食品的脂肪和糖分，但自己煮就能自由調整成分。

　　從各方面來看，自己煮比較有效益，也更健康。

$ 建議一天一餐自己煮

即使我說這麼多，可能還是有人會認為食材常常煮不完，或是覺得下廚浪費時間，因此無法持之以恆。

食材之所以煮不完，甚至放到壞掉，通常是因為沒有每天煮。如果每天煮，很快就能用完食材。

如果你覺得自己煮很浪費時間，那就減少用餐次數吧。你知道為什麼現代人一天吃三餐嗎？一個有力的說法是，愛迪生為了推廣烤麵包機，所以把原先吃兩餐的習慣改成三餐。愛迪生是偉大的發明家，同時也是偉大的商人。我想說的是，一天並非一定要吃三餐。

我想分享一下我的做法，但並不是要大家都跟著做。我現在一天只吃一餐。我發現一天一餐滿適合我的身體狀況和生活模式，因此我會一天煮一次健康的餐點，並且好好飽餐一頓。如果我必須一天煮三餐、吃三餐，那應該也很難維持自己煮的習慣。減少用餐次數後，也能減少花費在備餐的時間。

雖然我一天只吃一餐，但如果你覺得自己適合一天吃兩餐，那我建議你**一餐外食、一餐自己煮，靈活分配時間**，也兼顧省錢和健康。

不刻意節省電費、瓦斯費、水費、社交開銷

也許你會感到意外，我其實不太刻意節省水電費（固定費用）。

日本從二〇一六年開始實施電力自由化，二〇一七年起實施瓦斯自由化 [4]，都市的家用瓦斯也開放了。應該很多人不知道、也沒嘗試過，**電和瓦斯只要換一家業者就能達到省錢的目的**。有些業者會提供點數給新用戶，也有業者提供優惠給同時簽訂電和瓦斯契約的用戶。知道這些好康可以省下很多錢，我建議大家都去轉換。

除了這一點，我其實不太思考如何省水節電。我認為每天依照自己的心意生活比較重要，也是我較看重的一點。**我不追求精打細算所擠出的錢**，因此我只轉換電力公司和瓦斯公司，其他都不在意。

省錢和儲蓄必須持之以恆、細水長流。思考自己看重的是什麼，其他枝微末節的事就不要太在意，才能維持愉快的省錢生活。

4　即開放民營公司販售電力或瓦斯給家庭用戶。

$ 社交開銷、娛樂費，聚焦在自己重視的人事物

　　回到變動費用，關於社交開銷和娛樂費，我建議大家聚焦在自己重視的事物上。請把錢花在你真正重視的人事物。

　　我從前是個八面玲瓏的人，不論對誰都面面俱到，覺得認識的人愈多，愈能代表自身地位。因此只要朋友邀約，我一定會赴約，而且和朋友一同玩樂，花錢毫不節制。老實說，當時膚淺的人際關係和膚淺的回憶，我現在幾乎都想不起來了，也完全不記得和誰做了哪些事情。

　　但是，我重視的人、我想體驗的事物、我真正想花錢的地方，至今仍記憶猶新。旅行就是典型的例子，我在旅行上的花費可不手軟，也會選擇搭乘較舒適的交通工具，這樣過程中才能真正感到滿足，心情才會愉快。我認為**把錢花在自己重視的事物上很棒**。

記個大略也行，用記帳本掌握收支

前面說過，存錢重要的是刪減支出中的固定費用和變動費用。

另一個重點則是「掌握收支」，具體的做法就是記帳。

ASMARQ 市場研究公司曾做過一份關於記帳 APP 的問卷調查（二〇一九年），調查對象為日本二十歲至六十九歲的男女共四千人，詢問他們是否習慣記帳，結果回答沒在記帳的人超過半數，占了 53.2%。

我認為肯定有更多人想要記帳，卻無法持之以恆。沒嘗試過記帳的人可能以為記帳很簡單，其實大多數人都因為無法持續記帳而備感挫折。

記帳的其中一個重要目的是掌握收支。因為你很難在不掌握收支的情況下，持之以恆存錢。想存錢、增加資產，就必須掌握收支。所有的有錢人都相當清楚自身收支狀況。

假如你的老闆一點也不清楚公司的收支狀況，只是憑感覺花公司的錢，你應該會很擔心吧？個人財務也是一樣的道理，請將個人財務管理當作是在經營公司，你上班的地方就是你的「客戶」，教育基金和自我投資的花費則可比擬為「投資未來」。**「自己＝公司」的想法**

相當有趣，推薦給大家參考。

我曾經試過各式各樣的記帳方式，具體來說分成三種記帳模式。我到現在依然持續記帳，掌握收支。身為熱中於掌握收支的愛好者，接下來要跟大家分享我的記帳方式。

⑤ 區分變動費用和固定費用

首先，自己做記帳本，任何人都能使用 Excel 做出一套簡單明瞭的表格。

左邊欄位記錄變動費用，包含伙食費、娛樂費、社交開銷、雜支等；右邊欄位是固定費用，包含水電費、電信費、房租支出等（我將水電費視為固定費用）。

區分變動費用和固定費用的原因是，變動費用的項目非常多，記錄起來容易變得凌亂。將固定費用和變動費用分開，並且設定既有格式，更有利於清楚記錄。

⑤ 寫下每一項的目標金額

這套記帳表格的縱軸是日期，橫軸是項目，每一項都要寫上目標金額。**以這些目標金額為目標記帳，達到時既可獲得成就感，也富含趣味性。**

可以隨時更動目標金額。我的話會逐漸降低目標金額，每一次都盡力達成，藉此減少支出。

⑤ 看清楚一天的花費

此記帳本格式的重點，在於幫助我們一眼看清楚一天的花費。

有人可能會覺得手寫或自製記帳本很麻煩，但手寫的好處就是能一目了然一天花費的金額。正因為掌握這一天錢都用去哪了，一旦發現花太多，就會督促自己明天得省一點。因此能一眼看清楚非常重要。

⑤ 重點在於「大略即可」

記帳的另一個重點是大略記帳即可。

📋 我實際使用的記帳格式

2022年 1月	伙食費	娛樂費	社交開銷	雜支	教育費	水電費	電信費	房租支出	合計金額
目標金額									
1月1日									
1月2日									
1月3日									
1月4日									
1月5日									
1月6日									
1月7日									
〜									
合計金額									

我連表格都做得很簡略，而且只用鉛筆或原子筆大致記錄下花費，甚至不會記到個位數和十位數。

我並不是隨便看待 1 日圓或 10 日圓這種零頭，零頭當然也是錢，但我認為大略記帳才能記得長久。**我將重點放在持續記帳，至於金額大略就好**。如果記得太細，例如把電費細分至小單位，反而讓長期記帳這件事變得相當麻煩。

就像準備考試的時候，不必做出全彩的精美筆記也能考高分。總之請持續記帳，大略記帳即可。

以上就是自製記帳本的重點。

也推薦使用
記帳APP管理收支

　　也可以使用記帳 APP 來記帳。記帳 APP 能幫助你輕鬆記帳，我也很推薦這個方式。

　　再強調一次，想存錢就必須掌握收支，即使大略掌握也無妨。因此，記帳是必備習慣，而且必須持續記帳。以這一點來說，記帳 APP 相當適合用來大略掌握收支。

　　我使用的記帳 APP 是「Money Forward ME[5]」。

　　只要預先登錄信用卡，每次刷卡消費就能自動記帳，不僅簡單也容易長久記帳。

　　如果是用現金消費，只要用手機的相機功能拍攝收據，也能自動記帳。

　　此款 APP 支援手動輸入，建議手動輸入金額時和自製記帳本一樣，捨棄個位數和十位數金額。

5　在臺灣無法下載這款 APP。國內簡單又好用的記帳 APP 相當多，也有如綁定手機條碼、直接匯入發票資料，或是針對多帳戶、常刷卡消費族群等功能，請依據個人需求下載使用即可。

$ 還可以輕鬆管理點數

使用記帳 APP 還可以輕鬆管理點數，方便活用點數。

我享受省錢和存錢生活的其中一個原因就是會員集點。善用點數不僅可以免費理髮──我通常都拿點數來支付我上髮廊的費用，還可以折抵旅費。

除了刷信用卡可回饋紅利點數外，在某些店家出示會員點數卡，也可以透過現金消費累積點數。

不過，集點本身是樂趣，同時也是個麻煩。要是一個不小心，點數可能就會放到失效。

點數失效對企業有利，對消費者則是損失，這是因為企業在定價時往往會將點數一併納入考量。因此，如果沒用完所有的點數，就是「多付了企業增加的部分＝沒省到錢」。

我們必須經常確認現在還剩下多少點數與餘額。

從這一點來看，使用 Money Forward ME 就能輕鬆管理點數。不僅持有點數一目瞭然，還能確認點數的使用期限。我有時也會不小心讓點數過期，所以這種擁有能顯示期限功能的記帳 APP 很實用。

$ 又能輕鬆管理總資產

記帳 APP 還有另一項很棒的優點，那就是讓用戶從 APP 輕鬆管理資產。只要登錄銀行帳戶、證券帳戶，就能輕鬆管理總資產。

為了持續存錢，**請務必掌握自己的資產餘額**。當你看到金額持續增加，即使成長緩慢，也能感受到存錢的樂趣，一次又一次累積小型成功體驗。因此，能目視掌握微幅成長的設計就相當重要。

使用記帳 APP 還能一眼掌握自己的資產配比，分別顯示現金、基金、股票、年金、點數的金額與占比。

如果有多個不同用途的銀行帳戶，或是有多個證券帳戶，資產管理會較複雜，但仍須掌握總資產。我自己有四個證券帳戶、三個銀行帳戶，能用 APP 一次管理並輕鬆掌握資產，真的非常方便。只要點開手機，就能知道自己的儲蓄歷程，還有現金和股票的占比。

此外，經營 Money Forward ME 的公司是上市公司，組織透明度高，資安管理嚴謹，讓人更加放心使用這款 APP。

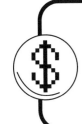

用信用卡一次管理收支

　　我也會用信用卡管理資金。

　　我使用的是樂天信用卡，下一頁是「樂天信用卡」APP 的管理畫面。用這款 APP 可以看到使用金額的紀錄，一眼就能掌握一個月的使用金額、使用場所、各細項金額。

$ 偏好現金支付還是無現金支付？

　　如果你問我偏好現金支付還是無現金支付，我一定會說我是堅定的無現金支付擁護者。但這並不表示我認為現金支付不好，事實上，有些人適合現金支付，有些人適合無現金支付。

　　無現金支付有很多種方式，例如刷信用卡、刷儲值卡、刷簽帳卡、使用電子錢包或電子支付等等，可說是五花八門。

　　根據日本社團法人無現金推進協議會公布的「無現金藍圖 2022」，日本的無現金支付比例變化從二〇一七年的 21.3％，上升至二〇一九年的 26.8％。由此可見，無現金支付愈來愈普及。無現金支

📋 樂天信用卡 APP 的管理頁面

| 💳 | 🔔 | 使用明細 | 📷 | R Pay |

| 2020/04 | 2020/05 | ⌄ |

繳款日期　2020/04/27

總額　**¥66,014**

獲得點數　638

| Ⓟ 獲得點數 | ☁ 修改繳款金額 | 📋 帳單明細 |

| ⬇ 儲存至記帳本 | 新到舊 ⌄ | C |

樂天黃金信用卡年費／截至 2021 年 02 月止
一次付清　　　　　　　　　　**¥2,200**

大榮超市
一次付清　　　　　　　　　　**¥1,276**

7-11
一次付清　　　　　　　　　　**¥217**

全家
一次付清　　　　　　　　　　**¥257**

大榮超市
一次付清　　　　　　　　　　**¥675**

大榮超市
一次付清　　　　　　　　　　**¥1,388**

| 📋 | ¥📋 | 📣 | 🏠 | ☰ |
| 使用明細 | 記帳本 | 好康活動 | 優惠店家 | 其他 |

付的方法中，最多人使用的是信用卡，占整體的九成。

　　從「儲蓄」的觀點來看，我認為貫徹無現金支付就是通往儲蓄強者之路。我可以更進一步地說，信用卡等無現金支付方式是儲蓄不可或缺的要素。

$ 集點需要信用卡

　　為什麼我會說無現金支付方式是儲蓄不可或缺的要素呢？因為使用信用卡等無現金支付服務，能獲得「點數」。

　　每家公司都推出了各自的點數系統，例如樂天 Point、T Point 等，假如用樂天信用卡消費，每購買 100 日圓的商品就能獲得 1 點樂天 Point。

　　如同前面提過集點的用途，點數的價值可比擬為現金。我經常把「刷卡集點、使用點數」的行為比喻成「成為點數經濟圈的居民」。

　　此外，這些無現金支付服務通常有附加優惠，例如 20% 的回饋活動，或是繳年費即可免費使用機場貴賓室等。我現在使用的是免年費的樂天信用卡，但也能享受相當充實的服務。

$ 無現金支付的缺點

最重要的是，無現金支付能讓管理金錢更方便。因為消費場所和消費內容都會留下紀錄，省下了一筆一筆手動記錄的麻煩。而且，支付速度相當快。

可是，無現金支付也隱藏著缺點。各家企業競相推廣無現金支付，是因為對於推廣的企業來說有利可圖，因此我們這些消費者仍須特別注意。

比如說，要小心消費過度的陷阱，尤其是手上沒錢也能輕易申請的定期分期付款、預借現金、循環信貸。畢竟使用無現金支付，很容易忘記自己在花的也是錢！

定期分期付款、預借現金、循環信貸都會產生高額利息，造成還款金額暴增，申請一次就難以全身而退，現實中不少人就掉入了這種高利息的地獄。

儲蓄的最短捷徑就是不花錢。

無現金支付存在著讓人忘記自己在花錢的風險，這一點非常可怕。我會說有些人適合現金支付，有些人適合無現金支付，原因就在這裡。假如無現金支付會使你背上債務，那不管再怎麼方便，還是少碰為妙。

雖然無法推薦給所有人，但如果你自認擁有風險管理能力，能避開以上陷阱，我還是希望你嘗試透過信用卡消費來記帳。

錢包裡盡量不放現金

接著我想介紹活用錢包的方法。雖然我偏好無現金支付，但我畢竟是個上班族，還是會依照場合使用錢包。

不過，我會盡量不在錢包裡放現金，也不放信用卡和會員點數卡，只在必要的時候把必要的卡放進錢包。不論是證件、會員點數卡、信用卡、提款卡，都是必要時才會放進去。

我的錢包裡偶爾會放一些零錢和鈔票，但通常沒有鈔票，零錢頂多放 1000 日圓左右，包含一枚 500 日圓硬幣、三枚 100 日圓硬幣、兩枚 50 日圓硬幣、九枚 10 日圓硬幣、一枚 5 日圓硬幣、五枚 1 日圓硬幣。**錢包裡放多種小額硬幣，比較不會亂花錢。我非常推薦大家嘗試看看。**

事先儲蓄，儲蓄優先

　　我在前面提過必須掌握金錢的流向，而另一個更能有效儲蓄的方法是「無論任何事，儲蓄優先」，這個方法更有機會幫助你存下 100 萬日圓。

　　你聽過「事先儲蓄」嗎？

　　所謂儲蓄，指的是收入和支出之間的差距。許多人認為「收入」－「支出」＝「儲蓄」，但我希望你接下來改變這個想法。

　　能儲蓄、存得了錢的人會先儲蓄，再用剩下的錢生活，這就是「事先儲蓄」，可以寫成以下公式：

「收入」－「儲蓄」＝「支出」

　　請牢牢記住這個公式，並且貫徹「事先儲蓄」，這樣你就能迅速存到錢。如果你不事先儲蓄，而只是把用剩的錢存起來，那就很難存到錢。

$ 消費、浪費、投資

雖然我說「儲蓄優先」，但我並不認為花錢本身是壞事。

花錢時應該要重視「消費」、「浪費」、「投資」上的觀點。

消費是生活中的必要支出。

浪費是奢侈的支出。

投資是讓自己未來增加收入的支出。

從現在開始，請在花錢之前先在腦中思考每一筆花費的用途。

我在購物之前，**都會先暗自區分這是消費、浪費還是投資**，並且小心不讓消費和浪費的比例太高。

但請別誤會，消費、浪費、投資都是重要的花費。

尤其大多數人會視浪費為惡行，但其實浪費能讓你在生活中恢復活力，工作上也能提起幹勁。

如果你很清楚自己想浪費在什麼地方，我認為這種浪費並不會妨礙儲蓄和省錢。

請明確區分花錢的時機，在該花錢的時候花錢、不該花錢的時候省錢。拿到薪水就事先儲蓄；花用剩餘的錢時，特別留意是消費、浪費還是投資。請像這樣判斷該花錢與不該花錢的時機吧。

死也不以個人名義借錢

為了達成存款 100 萬日圓的目標，你要「刪減支出中的固定費用」、「掌握收支」、「事先儲蓄」，還有一個重點是「讓淨資產為正」。淨資產指的是資產總額扣掉負債總額後的金額，請努力讓此淨資產為正。

$ 好的債務和不好的債務

首先，我們對於債務本身要有正確的認識。

債務分成好的債務和不好的債務，借錢之後能得到的利益比借款本身高時，這筆債務就是好的債務；借錢之後能得到的利益比借款本身低時，這筆債務就是不好的債務。

此外，還要考量利息對自己來說是否妥當、借款用途是否正當、還款計畫是否適當，如果你對以上三點抱有自信，那麼借錢的決定就沒有問題。

然而，實際借錢的當下，我們很難確認這筆借款是否能成為提高利益的「好的債務」。要是能知道這一點，許多借錢的人都會獲得成

功吧。大部分的人借錢時，都對於自己的未來相當茫然。

　　至於我個人則是對於借錢敬謝不敏。我總是不斷向身邊的人說：「死也不要以個人名義借錢」。

　　借錢的人會成為錢的奴隸，會被剝奪自由。為了短暫的快樂而借的錢，會侵蝕你長期的快樂。因為你的腦海中會被債務所填滿，無法盡情享受人生。我欠錢的那段期間，就連待在喜歡的露天浴池中仰望夜空時，仍會想起身上背的債務。無論何時，債務都占據了你的思緒，唱著喜歡的歌曲時也會想到這件事。

　　因此，以長遠的眼光來看，以個人名義借錢絕對是下下策。我希望大家都能記住這一點，最好保持淨資產為正。

從利率高的債務開始還

接下來要介紹償還債務的順序和方法。

我曾經申請學貸，還一度被數百萬日圓債務壓得喘不過氣來，自認在償還債務上有兩把刷子。

具體來說，我建議絕對要從利率高的債務開始還。反過來說，假如利率低，只要做好資金管理，就不至於陷入無法償還的窘境。

在日本，學貸的利率不到 1%，車貸大約 1 至 4%，房貸也不到 1%。但是在《黑金丑島君》的世界，十天下來利率就要 50%，日本的信用卡定額分期付款和預借現金則是 15 至 20%。

倘若是低利率的學貸、房貸等接近無利息的債務，一邊儲蓄一邊還債會是較適當的做法。

$ 面對高利率的債務

比較辛苦的是面對高利率的債務，具體來說像是循環信用貸款和預借現金，這些是相當危險的債務，最好立刻償還。

如果你身上有這些債務，請當作自己已經來到第一層地獄，那是

難以脫離的現實世界地獄。這個社會中有無數的地獄，但許多人渾然不知自己已深陷泥沼。

　　一旦踏進泥沼，就難以掙脫，因為你被名為高利率的陷阱困住了。

　　年利率 15 至 20% 是什麼樣的概念呢？如果你覺得這沒什麼大不了，那可真的不妙。這種利率和房貸、車貸相比可是高得不得了。

　　世界頂尖的投資人**華倫・巴菲特盡力達成的一年報酬率大約 20% 左右**，相同比例的錢正從你的口袋流失。

　　假設你使用循環信用貸款，欠下 100 萬日圓的卡債，年利率為 15%，那麼光是每個月的利息就要 12500 日圓。你因為手頭緊而選擇定額定期付款，結果一年中除了償還本金外，還必須從存款中再拿出 15 萬日圓還款，你做得到嗎？

　　日本人的平均年收為 436 萬日圓，假設實拿收入為 340 萬日圓好了，能從實拿收入中拿出 10% 儲蓄的人大約占 50%。你覺得你能努力一年存 34 萬日圓嗎？除了儲蓄，還要償還高利息和本金，根本是天方夜譚。

　　這就像是搭上反方向的電扶梯一樣，要不是被電扶梯帶得離目的地愈來愈遠，就是只能踏出一步又一步，勉強讓自己不要離原先的位置太遠。

　　當你欠下這種高利率的債務，絕對要盡早超前進度還款。

不要敗給花錢的快感，
那是惡魔的誘惑

　　為了盡早還清高利率的債務，最重要的是高度自律，而且要持續高度自律，這是我認為最困難的部分。

　　如果你過往抱著理所當然的心態使用定額分期付款和預借現金，也會逐步還款，就會不自覺將可利用的定額分期付款和預借現金額度納入開銷的一部分。此時，腦中掛著天使笑容的惡魔會告訴你：「用掉這個額度吧。」

　　如果你在剛欠下債務的時候就決心還清，也許還有辦法快速還清。但在你已經習慣有借有還的時候，惡魔就會出現，你能戰勝惡魔嗎？

　　我曾聽過酒精成癮的人努力了很長一段時間，藉由自律來克服酒癮，卻在某個契機之下又開始喝酒；花錢也同樣會成癮，因為花錢會帶來快感，而且**花錢比存錢還簡單**。

　　要是你輸給惡魔的誘惑，即使每個月還款，減少債務數字，很可能又會使用新的額度花大錢。這樣一來，你一輩子都無法減少債務，無法脫離還債人生。有些人甚至會不自覺調高信用額度，增加花錢的機會。

　　要脫離還債人生的方法只有兩個：**澈底省錢、短時間還清債務**。

如果你希望像普通人一樣過著普通人的生活、過著人的生活，那你別無他法，只有一口氣陸續還清這條路。

　　我剛出社會的時候資產是負數，於是把賺來的所有錢統統拿去還債。我從本業和副業一點一滴增加收入，想方設法省錢，將生活費降到 5 萬日圓，才總算還清債務。

　　還完債之後，我才知道沒有債務的生活是多麼神清氣爽，簡直無與倫比。

　　如前面所述，背債的時候，腦中隨時會想起欠錢的事，晚上也無法安心入睡。欠過債的人應該都能體會，就像是被名為債務的怪物追著跑，只能想盡辦法不要被追上。為了讓那頭怪物消失，請盡早還清債務，重回平穩的日常生活吧。

第 **4** 章

只要活著就能存錢

二十幾歲存款
超過1000萬日圓的觀念

　　我曾經為自己制訂了一套規範:「存錢的五個觀念」,那是我在二十多歲存下 1000 萬日圓的過程中謹記的原則。現在我要將這些觀念分享給大家。

　　分享這五個觀念之前,先說明重要的基礎心態。

$ 面對現實

　　首先是面對現實。了解自己現在的存款、每月收支各是多少,並且掌握每一筆支出的用途與數字。這些事看似簡單,能做到的人卻不多。

　　接著,請從職涯經歷、現今地位、是否得志等各方面,客觀地檢視自己的定位。從數字上來看,或以外界的統計數據等資料為標準,看清自己所處的位置,並且面對現實。

　　然後,試著從樂觀和悲觀兩個層面思考自己的未來。

　　樂觀來看,你的未來應該充滿希望,只要存到錢就有美好的未來,有錢就能買到想買的東西,未來令你興奮又期待。

另一方面從悲觀來看，你會發現自己不想要的未來是什麼樣子，自然而然地想躲避痛苦，因此寧願更積極行動。悲觀思考連結到你的自我否定，以及對現狀的不滿。你會了解到自己的不足，而不會夜郎自大。

面對現實，就是理解自己的定位。雖然現實可能會讓你不忍直視，但你能從中找到自我否定的原因。

現在的自己一事無成，有了這種自覺之後，你將會湧起必須存錢、必須省錢的決心。

⑤ 儲蓄就是改變自己

許多存不了錢和無法省錢的人其實都有點自戀，覺得自己是特別的，我以前也是這樣。

這是因為我們的感覺和現實分離了，所以才要面對現實，先自我否定一次。

要從我以前的那種狀態變成存得了錢的狀態，光有半吊子的理財知識或一點點的用心可不夠。

必須澈底改變自己才行，首先要改變自己的習慣，接著才能改變想法。想法改變之後，才有辦法從各方面開始改變自己。

也許過程會很辛苦，我還是必須說，請先面對現實吧。

能存多少取決於
「品格 × 知識 × 行動」

我總覺得每個人能擁有多少資產，都有各自的容量上限。

100 萬日圓、1000 萬日圓、1 億日圓……當手上的錢超過了自己的容許量之後，最終仍會失去那些錢。

我看過形形色色的人，雖然不是所有人，但其中許多人獲得了超過自身容量的錢，最後得不償失，或是人生就此落魄，落得悲慘下場。

舉個例子來說，你認為中樂透頭獎的人一定會幸福嗎？中了頭獎卻因此而變得不幸，這種事應該時有所聞吧。即使不是這麼極端的狀況，也常有人在獲得一筆意外之財後得意忘形起來，或是在繼承遺產後，因遊手好閒而失去財產。

我身邊也有些人明明是高收入族群，卻一天到晚為錢煩惱。看來年收和手頭是否寬裕並不成正比啊！

$ 「能擁有多少錢」看的是「如何與錢相處」

每個人與錢相處的態度都不同，我認為那恰恰決定了一個人「能擁有多少錢」。

　　至於能不能與錢好好相處，我個人認為影響因素多半不出「品格」、「知識」、「行動」。

　　「品格」指的是一個人的處世原則、道德感、同理心，重點在於成為受人所愛、受錢所愛的人。個性差的人終究不會受人喜愛，因此也無法獲得金錢的眷顧。畢竟工作機會、出人頭地、取得有利的消息等都需要「人」的介入。

　　而說到「知識」，要是不了解資本主義的規則，就不會明白自己為什麼要儲蓄，也不會理解金錢的力量，或是有錢人總是錢滾錢等道理。不明白這些道理的人，應該也很難存到錢。

　　沒有這方面知識的人，很可能將錢花在無用的地方。因為無法判斷他人說的話是否為真，因此白白將錢交出去。儲蓄的鐵則就是不花錢。雖然在必要的時候不得不花錢，但不能將錢花在無用之處。

　　最後來談「行動」，獲得知識只是一種「學習」，重要的是實際付諸行動。如果沒有行動，未來是不會改變的。即使不斷在腦中規畫如何省錢，也必須實際勒緊褲帶才能存到錢。再說一次，付諸行動很重要。

　　品格、知識、行動，缺少其中任何一個要素，就無法與錢好好相處。當三個要素齊備，就能擴大自己所擁有的資產上限。

　　這三個要素只能一點一滴累積與改善，明天要比今天更好，明年要比今年進步，聚沙成塔，養大資產容量上限。

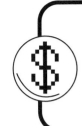

存錢觀念①
持之以恆

接下來終於要聊聊「存錢的五個觀念」。

第一個是**持之以恆**。

前面也強調過好幾次，存錢最重要的是持久。只要能持續存錢，就能存到錢。但大部分的人都無法持之以恆，結果半途而廢，又將錢揮霍在其他地方，繼續過著為錢所苦的人生。

究竟該怎麼做才能持之以恆呢？答案是細水長流，並且找到自己能細水長流的方法。

就像每個人適合的重訓菜單都不同，持之以恆的方法也因人而異。請找出自己能長久儲蓄的標準，以下介紹幾個訣竅。

$ 了解讓自己感到舒適的標準

我個人絕對需要的是「不要太認真」，真的大概做做就好，應該說大概做做才好。

對錢斤斤計較的做法無法持久，也不有趣，更接近自找麻煩。這

也是為什麼我在前面就說，記帳時不要記個位數和十位數。

不要過於完美主義真的很重要，完美主義的人容易講求凡事完美，不能出一丁點差錯，因此很容易陷入「要是某個月入不敷出，乾脆就別再省錢了」的自暴自棄念頭。請容許自己有時候隨便看待省錢這件事也無妨。

$ 自動化、建立機制

幹勁十足的時候當然存得了錢，也省得了錢，重要的是在幹勁低落的時候也能持續存錢與省錢。

沒有人總是能量滿滿，任何人都有積極和消極的時刻，我自己也是這樣。所以我們需要建立一套「機制」，讓我們在幹勁低落的時候也不會間斷，例如設定自動轉帳至儲蓄帳戶就是不錯的自動化機制。

$ 設定簡單的目標

我設定了一些非常簡單、無論如何都能達成的目標，像是「每個月賺到 5 萬日圓就好」、「每個月存 1 萬日圓就好」、「只要收入減

掉支出後有結餘就好」，幾乎都是這類目標。

　　無論目標多簡單，只要達到就會開心。累積了一些成功經驗之後，就能建立自信，從省錢和儲蓄中感到快樂，連記帳都不覺得麻煩，這樣才容易持之以恆。

⑤ 做理所當然的事就好

　　你也許會疑惑「以 1 日圓為目標也可以嗎？」，但其實只要把它當作理所當然的事自然而然持續進行，就有它存在的價值。

　　當你把省錢和儲蓄視為與「刷牙」同等的行為，就能長久持續。**只要持之以恆，就一定存得了錢。**請設定**可以如「刷牙」般持續完成的金額**，培養**能長久持續的習慣**吧。

⑤ 以自己的標準與自己戰鬥

　　重要的是，千萬別和他人比較，請以自己的標準與自己戰鬥。

　　無論省錢還是儲蓄，都是要滿足自己，拿他人的資產來比較毫無意義。

在這個世界，存錢不是公認的比賽，也不像運動有既定規則。所以，只要用自己能持之以恆的標準來完成就好。

存錢觀念②
明確訂立目標、方法

第二個觀念是**明確訂立目標**。

如果你回答不出來自己為什麼要存錢，那就危險了，沒有明確目標的儲蓄容易受挫，也可能會後悔。你可能會懷疑「儲蓄怎麼會後悔」，但在沒有明確目標的前提下儲蓄，有可能會疏忽了真正重要的事，而因此後悔莫及。

此外，決定存錢方法後，建立計畫也很重要。雖然很多時候不一定能依照計畫實行，但透過「決定方法，建立計畫」的行動，能幫助我們建立習慣與理財機制，所以很重要。

⑤ 目標使你產生執著與動力

決定要儲蓄之後，請先明確訂立目標和花錢用途，這會使你產生強烈的執著與動力。

儲蓄的目標通常會與人生目標、目的、夢想畫上等號，明確訂立後，儲蓄就會使你快樂。要是想破了頭仍無法訂立目標，那就先儲蓄、花錢、省錢，再從過程中尋找目標吧！但我還是希望你盡早決定目標，

即使是暫時的目標也無妨。

　　我相信沒有人想把錢帶進墳墓，我當然也不想。錢不過就是豐富人生的工具而已，存錢是為了花錢。

　　所以，請**一邊想像自己花錢的情境一邊儲蓄**。雖然我嘴上說「我的興趣是儲蓄和省錢」，但也是因為有明確的使用目標，因此才能樂在其中。請大家執著於存錢的目標吧。

　　你可以先把目標寫在紙上，或是持續思考這個問題也不錯。目標可以是「想要學習喜歡的事物而儲蓄」、「想還債讓心境如釋重負」、「買 MacBook Pro」、「買車」、「為了退休後的生活」、「為了經濟狀況穩定」，我自己則是因為強烈希望「消除對金錢的不安，過著完全沒有壓力的平穩生活」而存錢。請像這樣具體地訂立儲蓄目標。

💲 明確訂立儲蓄目標後，就不會害怕動用積蓄

　　如果一個人只是漫無目的地存錢，到了要花錢的時候往往會猶豫再三，這是很神奇的現象。這些人會因為還沒準備好花錢在某種用途上，或是認為未來某天會需要用錢，而無法在當下花錢。倘若你已經有了明確的目標，或是細分好使用目的，了解自己是為了花錢而存錢，就不會再害怕動用積蓄。

　　為了不害怕動用積蓄，請將存款依照用途區分管理。這樣一來，就不會因為存款減少而感到焦慮，還能明確訂立各種用途的容許金額上限。

　　具體來說，可以**分成「要使用的存款」、「不使用的存款」，以及「金融投資用的存款」**（詳見第五章）。要使用的存款通常用在生活費和娛樂費上，不使用的存款是未來要使用的資金，或是為了消除不安、安定身心的存款；金融投資用的存款，則是為了運用基金增加資產的資金。

　　我自己也會像這樣區分存款，並且明確訂立可使用的金額，所以我才會在 YouTube 上推廣這些方法。

　　總之，請明確訂立存錢目標。有了目標，才能在黑暗中持續前進。

存錢觀念③
不要愛慕虛榮

　　「存錢的五個觀念」中的第三個觀念是**不要愛慕虛榮，保持謙虛**。

　　我認為不要愛慕虛榮在儲蓄和省錢的時候非常重要，這一點我可以反覆強調上千次。

　　我就曾經因為愛慕虛榮，而平白花掉了許多錢。

　　過去我希望獲得旁人羨慕的眼光，經常購買名牌貨，也會刻意買高價手機。為了讓自己看起來亮眼，還會誇大自己的年收和存款金額。撒了謊之後，我會花大錢讓自己在穿著打扮上看起來相襯，反而因此失去了大筆資金。

　　圓謊的生活相當可怕，連自己也會逐漸搞不清楚哪一部分是謊言，導致內心出現矛盾。到了這種地步，每一刻都在浪費時間和金錢。既被自己撒的謊耍得團團轉，又花時間、花錢在不必要的事物上，賠了時間，也賠了金錢。

　　愛慕虛榮又驕傲的人總是在意別人的目光，而不敢挑戰任何事。愛慕虛榮是阻礙未來的絆腳石。

　　我不再愛慕虛榮後，就建立起自己的價值標準，開始懂得判斷花大錢與花小錢的時機。

　　而且，也不再去在意旁人的目光，勇於挑戰自己真正想做的事，

並且在 YouTube 上分享影片。

$\$$ 保持謙虛

除了不愛慕虛榮，還要保持謙虛，才是儲蓄時真正重要的事。

存款數字增加會建立你的自信，但要是自信過剩，就會變得目中無人，在存款增加、年收變高的時候必須特別留意這一點。一旦得意忘形、炫耀起自己的狀況，可能會遭來仇恨，或是被利用。

此外，當儲蓄一帆風順時，可能花錢會闊綽起來，一邊說著「什麼都好」一邊交出大把鈔票。

這樣的人總有一天會跌跤，具體來說像是被詐騙、被推銷買不需要的東西等等。也許你以為詐騙這種事只會出現在戲劇裡，但其實手上有了一些資產，或是年收來到一個級距後，遇到詐騙可不是多罕見的事。如果被騙去買了不需要的東西，甚至長期流失資產，那就慘了。

在你有錢時接近你的人，就可能在你沒錢時離你遠去。講得更直白一點，那就是一段孽緣。在晴天時替你撐傘，卻在雨天時收傘，跟這種人共處對未來毫無幫助，我個人比較喜歡來往的是能夠同甘共苦的人。

在上述的種種考量下，請不要樹立敵人，守住你自己平穩的生活

吧。炫耀和自大的態度只會惹人嫌惡，甚至趕跑正直的人。

　　好人離開，惡劣的人留下，會造成什麼樣的結果呢？答案就是落得孤單一生的下場。

　　說起來，人生不可能永遠一帆風順。更何況，也沒人說得準現在的處境是否稱得上順利。所以無論日子多順遂，請隨時警惕自己「即使突然走下坡也不奇怪」，這樣就不會得意忘形了。

　　等到好幾年後再回頭看看自己的人生，才會知道是否真的一帆風順，不是嗎？我認為一切只能留待回顧時以結果論斷。

　　正因如此，常保謙虛很重要。**內心愈覺得順利，就愈要保持謙虛。**反過來說，當人生不順利的時候，則要虎視眈眈盯住每一個機會，努力扭轉局勢，同時反省自己做不好的地方。

　　好事會發生，基本上並不是光靠你一個人的力量，而是拜周遭人之賜，或只是單純運氣好而已。

　　我也是這樣看待自己，一個普通的上班族能有幸出書，真的是因為運氣好，更重要的是大家的功勞。

存錢觀念④
存錢＞賺錢

　　第四個觀念是**比起賺錢和增加資產，存錢更重要**。

　　坊間部分對於錢的觀念是「比起儲蓄或省錢，還不如賺錢」、「投資錢滾錢比儲蓄更好」、「與其儲蓄，還不如自我投資」，這大概是永遠爭論不休的議題，但其實每一項都很重要。

　　然而，我認為最重要的還是「存錢」。

　　許多人對於省錢有著錯誤的認知，省錢是減少你的浪費，而不是壓抑你真正必要的需求。

　　老是浪費錢的話，不管賺再多都存不了錢。假設退一步依循「省錢不如賺錢」的觀念，那麼，到底什麼才是能賺錢的工作呢？基本上只有那種報酬率高的生意吧。因此說到底，減少浪費，才是真正能提升報酬率的行動。

　　無論再怎麼會賺錢，如果花錢沒有節制，最終還是會落得貧窮的下場。

　　數據顯示，60％的美國 NBA 球員在退休後五年內宣告破產，78％的 NFL 球員則在退休後不到兩年破產，或是陷入經濟困難的窘境。其他會賺錢卻經濟窘迫的例子也屢見不鮮，只要一查日本有錢名人破產

或欠債的新聞，就能看到許多案例。

即使賺了 1000 萬，甚至 1 億日圓，只要花得比賺得凶就會變窮，要是因此去借錢，那根本稱不上有錢人。

此外，不管投資能獲得多少報酬，如果沒有用於投資的本金，說再多都是白搭。

$ 電影《女稅務官》裡的著名臺詞

我想分享電影《女稅務官》裡一段著名臺詞，作為大家的借鏡：

「你就像是在傾瀉而下的水的下方放一個杯子，想要用這個杯子儲水，卻又因為口渴，把只裝了半杯水的杯子拿起來喝，你就是這種人，這是最糟的做法。你應該耐著性子等水裝到滿出來、流出來之後，再伸出舌頭舔。」

這段話簡直體現了變有錢的最最最基礎的觀念。

只要信奉這種觀念，大多數人都能變有錢。很多人明明手上只有半杯水，卻咕嚕咕嚕地喝掉，這樣的人一輩子都存不了錢。手上留不住錢，也就沒有投資錢滾錢的本金。

想變有錢，就只有儲蓄這個方法。我從來沒看過存不了錢的人能

夠變有錢人，就算放眼全世界，應該也找不到這種人吧。

有錢人都是因為花的錢比賺的錢少才成了有錢人。

$　做好刪減支出的心理準備

向大家介紹兩本名著：《原來有錢人都這麼做》（湯瑪斯・史丹利、威廉・丹柯著，早川書房）[1]、《為什麼他們擁有億萬財富，而你卻沒有？》（湯瑪斯・史丹利著，文響社）[2]。這兩本書收錄了作者採訪許多位億萬富翁的致富心法。

不少億萬富翁都提到自己相當節儉，不鋪張浪費，生活支出絕不超過收入。正因為他們貫徹這項原則，才能成為富翁。

儲蓄是腳踏實地的致富方法，是理財基礎中的基礎，而理財之中最重要的也是儲蓄。

雖然並非只要儲蓄就能一切如意，但小看儲蓄的人就算暫時有錢，最終也很可能失去財富。

1　英文書名為 The Millionaire Next Door，中文版由久石文化於 2017 年出版。

2　英文書名為 The Millionaire Mind，中文版由柿子文化於 2017 年出版。

 # 把勞動變成趣事，就能埋頭工作

　　雖然前面說「存錢比賺錢更重要」，但請別誤會，這並不代表可以疏於工作。想要獲得錢，還是需要下定決心認真工作，因為工作才是讓你從容運用金錢最強大的手段。

　　我要是沒有工作，就沒有今天的我。無論站在什麼樣的處境，唯有埋頭工作才能降低對金錢的煩惱。所以我除了一週五天的全職工作，還投入副業，盡可能增加工作時間來提高收入。

　　在這個過程中，我發現「快樂工作」能降低工作壓力；當工作時不再感到痛苦，才有辦法持續工作，獲得更多財富、資產，形成良性循環。

　　也許很多人讀到這裡會一頭霧水，因為大多數人並不是如此熱愛工作。但如果你不想工作，更應該趁現在努力工作，換取未來不用工作的生活。

　　要想快樂工作，或許最好的方法是只做喜歡的工作。雖然這並非完全無法達成，卻幾乎是難以實現的理想。我建議你不妨將目標訂為「不會感到痛苦的工作」或「有點興趣的工作」、「雖然不算超喜歡，但有成就感的工作」。

　　我現在的工作可說是「**有興趣而且不會感到痛苦的工作**」，這個描述比起「喜歡的工作」更來得貼切。即使如此，我也工作得很快樂。

存錢觀念⑤
從失敗中學習

「存錢的五個觀念」中的第五個觀念是**從失敗中學習**。

從成功經驗中學習當然是件好事,但我認為失敗的經驗也價值連城。

這個世界有兩種人:從失敗中學習的人、不會從失敗中學習的人。如果無法從失敗中學習,一輩子都不會進步,只會一再重蹈同樣的失敗。

比起他人的成功經驗,我在生活中參考更多的是失敗經驗,因為那些失敗經驗能成為借鏡。如果能將他人的失敗當作教訓,並且活用在自己的人生中,形同是一道邁向成功的捷徑。我一直很喜歡「負面教材」這個形容,並且從以前就善於運用負面教材。

$ 許多負面教材就在身邊

其實,我的個性比一般人都來得糟糕,卻從小就愛挑別人的毛病。我無視自己的問題,只注意他人的缺點。過去我常想改變自己這一點,但最近我發現這個特質可以活用在儲蓄上──從他人的缺點學習自己

該如何處事，並且警惕自己不要犯下同樣的錯誤。由於身邊沒有人能具體指導我存錢這件事，所以我靠著這個方法開闢了屬於我的儲蓄之道。

你的身邊肯定也有負面教材，請仔細找找看。那些負面教材可能是朋友、熟人、公眾人物、戲劇或電影，我就是這樣一一找來學習。

其中影響我最深的負面教材是我的父母，我一直把我父母當作借鏡。我從小就無法理解父母為何總是愛慕虛榮亂花錢，他們過於頻繁地換車，老是買昂貴的新車；住在與身分不相襯的高價房子；投保多種保險，卻不知道為什麼要投保；每天晚上抽菸喝酒；對於理財的觀念亂七八糟，完全無法掌握彼此擁有多少資產——這就是我家。

為了不引起誤會，我必須澄清：我現在和父母關係良好，也經常談論理財話題。只不過，我在成長過程中默默觀察著父母這一面，逐漸形成了「見不賢而內自省」的想法。我擔心自己一個不小心，過著像父母一樣漫無計畫的生活，未來也會走上他們的路。

⑤ 學起來，然後親身實踐

只透過負面教材學習可不夠，學起來之後還要親自實踐，就算有時會失敗，也可以從自己的失敗經驗中反省。如同接受模擬考測驗後

對答案一樣，無論從負面教材中學習到多少，直到看見自己的人生應用負面教材後的結果，才算是學以致用。

　　反省自身的失敗經驗，才能真正成長。就像我明明從小看著父母奢侈的花錢方式，卻也將自己的錢浪費在許多無謂的聚餐上，甚至只看價格買衣服、繳高額電話費。請從他人的失敗中學習，但親身實踐卻失敗後也要再學習，將想像與現實的落差化為讓自己成長的教訓。

　　自己的失敗經驗就是成長的最短捷徑。他人的失敗經驗當然也是一種教訓，但如果少了自己的經驗，光靠他人的經驗很難真正使自己成長。而且，人生不可能不失敗，關鍵就在於能否從失敗中學習，以及從失敗中學習到什麼。

📄 **存錢的五個觀念**

1	**持之以恆**
2	**明確訂立目標、方法**
3	**不要愛慕虛榮**
4	**存錢＞賺錢**
5	**從失敗中學習**

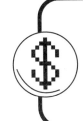

只要養成儲蓄的習慣，
到哪都能生存

　　我在前言就說了，儲蓄不分年齡，沒有所謂太早或太晚的問題。

　　理財是一門學問，而「儲蓄」是必修課。就像國文、數學、自然、社會等科目中，必須從國文學起（不識字就無法去學習更多科目），「儲蓄」也是理財的第一堂課。

　　我從小就善用零用錢吃喝玩樂，也曾經把壓歲錢、生日紅包等零用錢存起來，在小學六年級時存款就超過 10 萬日圓；長大之後，我也活用了這種習慣。

　　如果總是把錢花光光，一輩子都無法累積財富，無論是退休後的經濟問題還是金錢煩惱層出不窮，就像浴缸的霉斑一樣清也清不掉。而且這些煩惱會愈滾愈大，最後占據你所有的思緒。

　　正所謂對症下藥，要解決這些問題，方法只有一個，那就是從儲蓄著手。累積知識和資訊固然重要，但光是消化資訊、坐著思考可不夠，也要實際行動，落實於生活。

　　這就像你有再好的銀行帳戶或證券帳戶，只知道優點在哪，卻沒存錢進去也沒用。

　　無論幾歲開始儲蓄和省錢都不嫌晚，想到要做時就盡早付諸行動吧。理財必須養成習慣，**如果一直保持過去以來的花錢習慣，就不容易養成存錢習慣。**

　　要改變已經養成的習慣並不容易，帕金森定律告訴我們，支出會隨著收入增加直達相同金額，很恐怖吧？

　　但是，習慣是可以改變的。透過閱讀本書，或是在 YouTube 上看看過來人的故事，聽聽他們的演講，都是一種參考的付諸行動。我相信，累積知識並親身實踐後，絕對能改正習慣。

　　實際上，很多人就算沒在儲蓄，也不至於窮困潦倒。但正因為尚未窮困潦倒，因此缺乏危機意識。

　　經濟景氣時，在公司業績亮眼，再加上身體健康，生活一切順遂，這時很難體會儲蓄的重要性，因為沒有人會去想像當公司業績不佳、自己身體又出了狀況時的困境。

　　即使人生並未陷入窮困潦倒，但當被問到「你想擺脫金錢的煩惱嗎？」時，大多數人應該都會回答「想」吧。

　　那就請養成儲蓄的習慣吧，這絕對會是讓你無論處在任何時代，都能存活下來的祕密武器。

第 **5** 章

「正面迎戰」，
跨越 500 萬日圓的高牆

基本守則是持續省錢生活

　　存到 100 萬日圓之後，接下來就是 500 萬日圓。此時需要的只有毅力，繼續保持存 100 萬日圓時的習慣。省錢的同時也必須增加收入，因此在存款介於 100 萬至 500 萬日圓之間時，請加入新的行動。

$ 有多少人金融資產達到 500 萬日圓以上？

　　我們先來看看，擁有 500 萬日圓以上金融資產族群的占比。確認有多少人擁有 500 萬日圓之後，就能了解自己現在處在什麼樣的位置。

　　「2021 年關於家庭收支金融行為的世態調查〔單身家庭調查〕」蒐集了兩千五百個樣本。將未持有金融資產的家庭也算入整體數據中，持有 500 萬日圓以上的家庭占整體的 33.9%。整體的平均數為 1062 萬日圓，中位數為 100 萬日圓。依年齡層區分，二十至二十九歲為 8.7%，整體中位數為 20 萬日圓；三十至三十九歲為 23.5%，整體中位數為 56 萬日圓；四十至四十九歲為 30%，整體中位數為 92 萬日圓；五十至五十九歲為 37.5%，整體中位數為 130 萬日圓；六十至六十九歲為 48%，整體中位數為 460 萬日圓。

📋 存款達500萬日圓以上的占比（單身家庭）

未持有金融資產	33.2%
少於100萬日圓	13.8%
100～未滿200萬日圓	6.8%
200～未滿300萬日圓	3.6%
300～未滿400萬日圓	3.7%
400～未滿500萬日圓	2.2%
500～未滿700萬日圓	5.2%
700～未滿1000萬日圓	5.2%
1000～未滿1500萬日圓	5.5%
1500～未滿2000萬日圓	3.9%
2000～未滿3000萬日圓	4.7%
3000萬日圓以上	9.4%
未回答	2.7%

→ **33.9%的家庭存款**
達500萬日圓以上

平均數： 1062萬日圓
中位數： 100萬日圓

資料來源：引自「關於家庭收支金融行為的世態調查〔單身家庭調查〕（2021年）」

📋 存款達 500 萬日圓以上的占比（兩人以上家庭）

未持有金融資產	22.0%
少於 100 萬日圓	8.1%
100 ～未滿 200 萬日圓	6.5%
200 ～未滿 300 萬日圓	4.8%
300 ～未滿 400 萬日圓	4.5%
400 ～未滿 500 萬日圓	3.3%
500 ～未滿 700 萬日圓	7.1%
700 ～未滿 1000 萬日圓	6.0%
1000 ～未滿 1500 萬日圓	8.2%
1500 ～未滿 2000 萬日圓	5.2%
2000 ～未滿 3000 萬日圓	7.5%
3000 萬日圓以上	13.5%
未回答	3.3%

→ **47.5%**的家庭存款

達 500 萬日圓以上

平均數： 1563 萬日圓
中位數： 450 萬日圓

資料來源：引自「關於家庭收支金融行為的世態調查﹝兩人以上家庭調查﹞（2021 年）」

　　前述調查中另有「兩人以上家庭調查」，一共蒐集五千個樣本。持有金融資產達 500 萬日圓以上的家庭占 47.5％，整體的平均數為 1563 萬日圓，中位數為 450 萬日圓。依年齡層來看，二十至二十九歲為 13％，整體中位數為 63 萬日圓；三十至三十九歲為 33.6％，整體中位數為 238 萬日圓；四十至四十九歲為 39.8％，整體中位數為 300 萬日圓；五十至五十九歲為 45.9％，整體中位數為 400 萬日圓；六十至六十九歲為 58％，整體中位數為 810 萬日圓。可知年齡愈大，占比愈高。

　　從中位數來看，擁有 500 萬日圓的家庭經濟狀況可算是相當富裕。看了統計數字後，應該會發現能存到 500 萬日圓的人口偏少。請透過統計數字，確認自己目前的定位，若是在平均之下，就接受現實；如果自己比周遭的人持有更多金融資產，就抱著樂觀的心態繼續存錢。

依比例儲蓄，
存下實際收入的 10%

接下來要達成存款 500 萬日圓的目標，請繼續保持存到 100 萬日圓時養成的省錢習慣，並且將實際收入的 10%都存起來吧。

我在前面的章節也提過，存 100 萬日圓時，一拿到薪水就要把目標金額先存起來，養成儲蓄的習慣，讓儲蓄成為生活的一部分。而在這一節，我想討論實際收入中具體的存錢比例。

換句話說，我希望你「依比例儲蓄」。雖然也有每個月存 1 萬日圓這種「依金額儲蓄」的方法，但我建議你每個月存下實際收入的固定比例。

⑤ 向巴比倫富豪學習的儲蓄法

我有一本愛書，內容介紹了擁有百年歷史的儲蓄法，書名是《巴比倫致富聖經：用 10%薪水，賺到 100%的人生【經典新譯 · 漫畫版】》（原作：喬治 · 山繆 · 克拉森，漫畫：坂野旭，企畫、腳本：大橋弘祐，

文響社）[1]。這本書描述了流傳百年的普遍致富原理，並提到致富之道即是**存下收入的 1/10**。

　　或許你會懷疑，存那麼一點錢可能改變人生嗎？但為什麼作者會倡導存下收入的 1/10 呢？那是因為，很多人不會從自己的收入中存下太多錢，因此多數人的經濟其實並不充裕。

　　假設收入 20 萬日圓，生活費也是 20 萬日圓，那就等於每天工作都是為了多活一天而做。即使收入提升至 30 萬日圓，沒特別留意的話，也很容易因為收入增加而拉高生活費，於是生活費也變成 30 萬日圓，這就是前面提過的「帕金森定律」。

　　我在第四章提過，根據帕金森定律，「支出會隨著收入增加直達相同金額」。如同前述 20 萬日圓和 30 萬日圓的例子，就算沒有儲蓄也活得下去，但是這樣的人無法為未來準備一筆資金。而我認為每個人都**應該好好準備一筆存款，以防隨時可能發生的意外災害**。

　　這是個薪資凍漲的時代，又無法寄望年金，提早退休因而成為顯學。如此一來，就必須為了未來儲蓄。此外，若想挑戰新的事物，也會需要資金。如果手邊沒錢，就算時機到了也無法好好把握。為了日後可能需要投資的自己與家人，請將每月收入的 10% 存起來。

1　中文版由三采文化於 2021 年出版。

⑤ 依比例儲蓄就能存錢

我再強調一次，如果沒有儲蓄的習慣，絕對存不了錢。「依比例儲蓄」是一大關鍵，並不是存下固定的金額，而是配合收入改變儲蓄的金額。假如實際收入為 20 萬日圓，「依金額儲蓄」設定每個月存 2 萬日圓，「依比例儲蓄」設定每個月存 10%，也是 2 萬日圓，但隨著時間推移，兩者的差距將會愈來愈大。

假設實際收入從 20 萬日圓漲至 30 萬日圓，依金額儲蓄還是存 2 萬日圓，收入雖增加了，儲蓄金額卻沒有改變。要是習慣將多出的收入拿去花用，例如提高生活水準，這對於長期儲蓄來說相當不利。

如果是依比例儲蓄，以我所設定的 10%，儲蓄金額會增加至 3 萬日圓。儲蓄金額不僅隨收入增加而提升，同時還能增強儲蓄力。之後收入再增加，兩種儲蓄法的差距將會愈來愈大。

從長期觀點來看，**依比例儲蓄比較不容易浪費**。薪水變多了，內心也會鬆懈，但請別忘了這個原則，絕對要避免「奢侈度日」，貫徹一步一腳印的儲蓄習慣。

不是依金額儲蓄，而是依比例儲蓄，這個方法將在你漫長的儲蓄人生中成為你最好的夥伴，幫助你讓儲蓄成自然。

至於比例設定，10% 只是其中一種標準，實際收入不多的時候可以先從 1%、2%、5% 開始設定，之後再逐漸提高比例即可。

存 10% 能累積到多少？

　　將收入的 10% 存起來，最終能累積到多少存款呢？答案很簡單，請聽我娓娓道來。

　　假設上班族生涯累積的薪資扣掉稅金後為 2 億日圓，這個數字大約是上班族的平均生涯薪資。那麼，存下收入的 10% 就等於 2000 萬日圓，收入的 20% 則是 4000 萬日圓，收入的 30% 為 6000 萬日圓。只存 10% 就能累積這麼多存款！

　　光是依照 10% 的比例儲蓄，就能變有錢人。就算稱不上富有，也已經濟無虞，這是絕對能達到的狀況，不需要投資，光靠儲蓄就能達成。

　　雖然這個假設並未考量到通膨等外部經濟變化，而且能否成為有錢人還得視每個人的狀況與收入而定。但至少在生活上實現經濟無虞這一點，可說是非常合理的推測。

　　是否真的需要 4000 萬日圓、甚至 6000 萬日圓來維持生活呢？這個問題的答案因人而異。每個月生活費 5 萬日圓和 30 萬日圓的人，所需的生活資金完全不同。有些人每個月需要花費 100 萬日圓，也有人不需要，箇中差異取決於個人價值觀和生活型態的不同。但是，考量

到要長期維持儲蓄習慣，10%是剛剛好的數字。

儲蓄會回報給未來的自己。儲蓄不是忍耐而是支援，支援幸福並擴大幸福。如果你能一輩子工作賺錢，那就另當別論；但我們都會變老，退休之後還可能活很久，因此還是趁年輕時認真地撥出 10%來儲蓄吧。

存到 500 萬日圓之前的陷阱① 中心思想的動搖

接下來談談存到 500 萬日圓之前可能掉入的陷阱。在我的經驗中，存到 100 萬日圓後，朝 500 萬日圓的目標邁進時，很容易掉入這些陷阱。

存 500 萬日圓的過程中，存款經常會反覆增減，存款曲線從 100 萬日圓上下迂迴爬升到 500 萬日圓的情形並不少見，因此這段期間很容易陷入停滯。

只要儲蓄陷入停滯期，就無法累積成功經驗，還會降低儲蓄動力，導致儲蓄和省錢雙雙沒有進展。這麼一來，自然就會想放棄儲蓄，而陷入負面循環。

為了避免上述狀況，請特別留意以下三個陷阱，並且付諸實踐，你一定能持續走在跨越 500 萬日圓高牆的路上。

首先，第一個陷阱是**中心思想容易動搖、消失。**

「普通」這個詞容易使人貧窮。

人們往往會在意社會觀感，並且因此隨波逐流。但當你選擇購買和大家一樣的東西，做大家都在談論的事，那可存不了錢。這個社會只不過是一個群體罷了，請放棄當所謂的「普通人」，建立自己的中

心思想吧。

　　存不了錢的人有個共通點，他們總是在追求世界上所謂的「常識」。如果不停下來思考自己是否真的需要依循這些常識而活，那將會難以存到錢。

　　這個世界眼中的理所當然，其實都是人為創造的習慣。過去日本並不流行過萬聖節，但這幾年卻在澀谷等各大都市蔚為風潮。就像萬聖節的例子，這個世界經常刻意打造出讓中產階級花錢的機制。簡單來說，企業只是要吸引大眾消費，萬聖節就是資方賺錢的其中一道機制。然而人們被灌輸了這種價值觀後，誤把這些消費視為理所當然，自然存不了錢。

　　最近由於社群軟體普及和價值觀改變，社會開始允許我們向那些被視為理所當然的機制說不。

　　舉例來說，光是一句「結婚」就能衍生出各種概念，可以選擇事實婚[2]或夫妻不同姓；就算真要走入婚姻，也未必需要戒指或聘金嫁妝。別只因為是習俗就要遵從，你應該要思考那些習俗對自己來說是否值得及必要。

　　請現在就重新思考，那些被視為常識的事對你來說真的必要嗎？

　　人不會有無限的財富，必須在儲蓄過程中自行做出選擇。哪些東

2　雖未登記結婚，卻過著形同結婚的生活，因此受到相關法律保障。

西對自己來說是必要的？哪些東西是不必要的？要買什麼？不買什麼？不要管這個社會的標準，請從自己的中心思想來做出取捨。

存到500萬日圓之前的陷阱② 大筆的支出

第二個陷阱是**大筆的支出**。

平時會儲蓄的人，通常會克制花錢，避免大筆支出（可能的支出）。錢花光了就沒了，沒花才會留下來，這是理所當然的道理。長年家財萬貫的人，一定都會儲蓄，將大錢和小錢都存起來，因而變得富有。收入比支出高，就會有結餘，這是連小學生都知道的原則。

你可能會說，要是想花大錢，提高收入不就好了？的確，如果一年能賺1億日圓，即使花了7000萬日圓，還有3000萬日圓的結餘。但是，大多數人都無法將收入提高到那種程度。

雖然在這個階段，你已經存到100萬日圓了，但這個數字還不足以供你一生不為金錢煩惱。在存到500萬日圓之前，請克制大筆支出，一點一滴地持續儲蓄。

日本人常說「錢如風水輪流轉」，意思是花掉的錢總有一天會回來，但那僅限於妥善花錢的狀況。投資時也一樣，妥善投資才能得到報酬。如果只是無端浪費或花掉，那些錢只會一去不復返。

總之，我希望你控制大筆支出，如果真的非買高價品不可，不妨考慮買二手，藉此降低支出。

日本人似乎偏愛新品，諸如新成屋、新車，**「全新」**就像是另一

種品牌般，販售價格通常會貴上兩、三成。但請別被一般常識所束縛，務必慎重考慮改買二手品。

此外，也要考量轉賣價值。如同第三章所述，若是高價購入的熱門車款，比較買入和賣出時的價格，會發現折舊成本並不高。有時乍看是高級車的昂貴車款，長期下來折舊率卻較低。

iPhone 也一樣，iPhone 在日本市場非常搶手，二手價也很高。

再來，你還可以考慮用租的或利用共享服務。我最近也會利用租賃、共享、訂閱等方式，不需要獲得該物品的所有權，和大眾共享即可。不需要獨自維護該物品，而是多人一起維護，這個概念也很不錯。

存到 500 萬日圓之前的陷阱③
總資產沒有結餘

第三個陷阱是**未注意到總資產沒有結餘**，這一點和前一節的大筆支出有關。

花錢並不是壞事，但如果每次都花得一乾二淨，一輩子都存不到錢。即使你花了三年存到 100 萬日圓，卻又因為買新車或是搬新家花掉 100 萬、150 萬日圓，那你花那麼多時間儲蓄根本沒有意義，而且絕對存不到 500 萬日圓。

如果你預期接下來會有大筆支出，那就一定要存下更多的錢。當你知道自己三年後要花大錢，那就請在這三年間存到比那筆支出更多的錢。假如三年後要花 200 萬日圓，那就存 300 萬日圓，這樣在三年後花掉 200 萬日圓，還會剩下 100 萬日圓。**總之，請盡可能製造結餘**，你的總資產必須為正數，請持續留意這一點。

如果想要長期累積資產，讓總資產有結餘，**關鍵就在於減少支出、增加收入、提高報酬率這三點**。除了平時節省支出，也必須提高收入和投資，藉此增加資產。

目標 500 萬日圓的新戰術①
活用銀行帳戶

除了避開前一節的三個陷阱,你還要有新的行動。

在介紹新的行動前,我想先提醒你,請繼續實踐存到 100 萬日圓時的行動。如同前述,你必須保持存到 100 萬日圓時付出的努力,同時挑戰新的行動。我們已經說明了存到 100 萬日圓時減少支出的方法,而在存到 500 萬日圓前也必須採取這些方法。

接下來,我要分享突破 500 萬日圓高牆的兩個新戰術。我採取這兩個戰術之後,存款金額確實上升了,請你也試試看吧。

⑤ 活用銀行帳戶和證券帳戶

第一個是**活用銀行帳戶和證券帳戶**,將錢存入多個帳戶。

存到 100 萬日圓之前,基本上都是一股腦兒地存錢,我前面也沒有特別提到需要管理帳戶。但在這個階段,我建議你在儲蓄時區分各個帳戶的用途,也請先準備好將來投資時會用到的證券帳戶,將帳戶用途做出明確的分類。

存不了錢的人往往會用一個帳戶集中管理所有資產,這是他們的

其中一個特徵。如果只用一個帳戶管錢，只要存一點錢，很容易就會以為自己已經變有錢了，進而開始揮霍。因此，當儲蓄進度來到這個階段，就必須將帳戶分類。

　　無論視覺上或物理上，都需要將錢的用途區分清楚。我們收納衣物時會依功能區分外出服或內衣褲，也會依季節分開收納春、夏、秋、冬的衣物，好確保我們在需要時能找到適合的衣物。區分清楚後，就能確知衣物的收納位置和數量，而不會想穿時找不到或是重複購買。錢也一樣，必須依照用途分類。

　　具體來說，我會開設以下三種銀行帳戶：

1 生活費帳戶

　　第一個是生活費帳戶，這是專門用來「花錢」的帳戶，管理每個月要使用、維持生活必需的資金，也就是應付短期花費的帳戶。具體來說包含伙食費，以及水電費、房租支出等自動扣款繳納的費用。

　　不需要手續費的帳戶，以及 ATM 據點多的銀行帳戶是首選，例如**三菱 UFJ 銀行、郵儲銀行，還有當地據點多的地方銀行**，請從提領的便利性來考量開設哪一家銀行的帳戶。此外，習慣無現金支付的話可利用網路銀行。請根據自己的使用模式活用帳戶。

2 設有儲蓄目標的帳戶

　　設有儲蓄目標的帳戶專門用來存放「將來有一天要使用」的資金。當你決定資金用途後，就在這個帳戶裡存你需要的資金，也就是應付中期花費的帳戶，例如房屋的頭期款、裝修費、教育基金、換新車的費用、旅費等等，這些需求的資金很難一次到位，必須慢慢存。你將來要用到的大筆支出，請存在這個帳戶裡；也就是這個帳戶的錢要留待日後「浪費」。

　　推薦的銀行帳戶包括**樂天銀行、住信 SBI 網路銀行、AEON 銀行等高利帳戶**；網路銀行、都市銀行、地方銀行也是可行的選擇。

3 資產帳戶（長期資金管理帳戶）

　　第三個是資產帳戶，也就是專門「儲蓄及增加資產」的帳戶。請在累積資產、規畫養老金等長期儲蓄時運用這個帳戶。基本上，你不會輕易從這個帳戶中領錢。

　　我建議你**將薪轉戶當作這種資產帳戶**，這樣一拿到薪水就等同於事先儲蓄和累積資產了。請將這個帳戶的錢用來投資累積退休後的養老資金，當作你的金融資產專屬的帳戶，而且要讓金融資產持續成長。

　　在存 500 萬日圓的階段，我還不會介紹如何投資運用資產。等第六章跨越 1000 萬日圓的高牆之後，才會進一步分享投資法則，到時就要活用這個帳戶。

　　推薦的銀行帳戶是網路銀行，例如樂天銀行和住信 SBI 網路銀行。**搭配證券帳戶使用，利息最高約可達都市銀行的一百倍之多**，也適合用來儲蓄，相當值得推薦。

　　樂天銀行和住信 SBI 網路銀行與證券帳戶綁定 [3] 的好處也多，綁定時能提高附加價值。

　　我推薦的證券帳戶有樂天證券、SBI 證券、Monex 證券、松井證券。在網路證券中，SBI 證券是業界龍頭，樂天證券排第二。Monex 證券買賣美股相當方便，松井證券則是歷史悠久的證券公司，各有千秋。這些證券帳戶能在未來利用時，提供你便捷的服務。

3　日本的銀行帳戶可以綁定證券帳戶，在證券帳戶餘額不足時自動轉帳。

📑 區分三種帳戶

生活費帳戶	設有儲蓄目標的帳戶	資產帳戶（長期資金管理帳戶）
‖	‖	‖

專門用來「花錢」的帳戶

專門用來存放「將來有一天要使用的資金」的帳戶

專門用來「儲蓄及增加資產」的帳戶

項目
・居住費用
・水電費
・伙食費
・電信費
……

・教育基金
・房屋頭期款
・裝修費
・換新車的費用
……

・養老金
・投資本金
……

推薦的銀行帳戶
・不需要手續費的銀行帳戶
・ATM 據點多的銀行帳戶

・高利銀行帳戶

・網路銀行

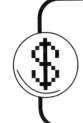

絕對不能動用長期資金，務必區分帳戶

　　如果你覺得管理三個帳戶太麻煩，也可以只開兩個帳戶，將生活費帳戶和儲蓄目標帳戶合併，以同一個帳戶管理短期和中期資金。

　　為了增加資產而開的長期資金管理帳戶，則務必與其他帳戶分開。現階段絕對不能動用那個帳戶裡的資金，請至少要區分出這筆長期資金。

　　我自己的生活費帳戶是樂天銀行，並且已綁定樂天證券。由於我都使用樂天信用卡付款，充分運用樂天銀行的服務，因此可以獲得較高的點數回饋，以更好的優惠集點。此外，我用樂天信用卡每個月投資 5 萬日圓在累積型 NISA，所以綁定樂天證券也是必要的選擇。

　　我的儲蓄目標帳戶也是樂天銀行。也就是說，生活費帳戶和儲蓄目標帳戶都是樂天銀行，短期和中期資金管理集中在一家銀行。

　　但這是我習慣的分類，如果你不習慣集中管理，那我建議你基本上還是區分成三個帳戶。

　　我的資產帳戶則是住信 SBI 網路銀行，並且綁定 SBI 證券、樂天證券和松井證券。

　　我基本上用 SBI 網路銀行管理存款，然後用該筆存款定期投資基金、ETF、iDeCo 等。

目標500萬日圓的新戰術②
繳故鄉稅

我希望你存到 500 萬日圓之前要做的第二件事是**繳故鄉稅**。

我建議你在存到接近 500 萬日圓時，再開始繳故鄉稅，因為這時你手中已經有一定規模的資金了。故鄉稅必須事先繳納，而且繳納的金額不少，所以我才會建議要有一點存款再開始。

在日本繳故鄉稅的規則是，只要負擔 2000 日圓，就能改變居住稅的繳納地。依照捐款金額大小，納稅人能得到贈禮，而且基本上參加這個制度一定划算。

你可以選擇捐款給你想支援的地方政府，辦妥手續後，就能享有所得稅與居住稅的退還和扣除。許多地方政府會準備當地名產等贈品，納稅人還能指定捐款用途，是非常吸引人的制度。

繳故鄉稅制度

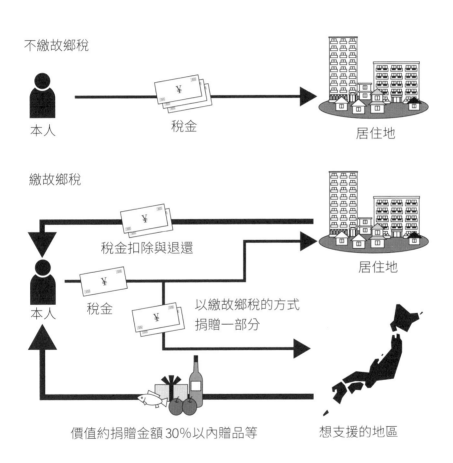

不繳故鄉稅

本人 → 稅金 → 居住地

繳故鄉稅

稅金扣除與退還

本人　稅金

以繳故鄉稅的方式
捐贈一部分

居住地

價值約捐贈金額30%以內贈品等

想支援的地區

以下詳細介紹繳故鄉稅的魅力。

第一項魅力是**能得到贈品**。「享用日本各地名產」也是吸引大家繳故鄉稅的原因，許多地方政府會以當地名產作為贈品，寄給捐款的納稅人。站在地方政府的角度，他們也透過這個機會，將當地名產或產業推廣到全日本。

第二項魅力是**稅金的扣除與退還**。只要在扣除上限額內，你捐贈的所有款項扣掉 2000 日圓後的金額，會從所得稅和居住稅中扣除。不過，除了扣除上限額，此上限額還會依收入和家庭組成有所差異，請務必先查清楚。

第三項魅力是**能捐款給想支援的地方政府**。你可以選擇你的故鄉，也可以選擇喜歡的地方政府。捐贈的金額和次數沒有上限，只要在扣除上限額內，你可以花費 2000 日圓選擇多個地方捐款。

第四項魅力是**可以指定捐款金用途**。納稅人繳故鄉稅時，可以選擇捐款金用途，也就是指定地方政府如何使用這筆錢，或是從用途來選擇想捐款的地方政府。

繳故鄉稅相當划算，我認為**沒參加就是損失**。然而，從繳故鄉稅的人數和納稅義務人的人數概算，全日本僅約 10% 的人繳故鄉稅。

明明是廣為人知的制度，使用者卻不算多。繳故鄉稅能為你省下為數可觀的金錢，請務必一試。

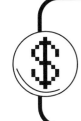

繳故鄉稅的具體做法

本節要介紹繳故鄉稅的具體做法，可分為以下四個步驟：

$ 1 查詢捐款扣除額上限

第一個步驟是查詢捐款扣除額上限。你可以使用日本總務省的試算系統、樂天的簡單試算系統或「故鄉選擇」[4]等網站，來查詢捐款扣除額上限。要注意的是，如果你兼具房貸、保險、扶養人數等多種條件，使用總務省的試算系統才能算得最準確。

我試著用樂天的簡單試算系統來查詢繳故鄉稅的扣除上限額，假設年收 300 萬日圓、單身、無扶養，查詢結果最多可捐 29717 日圓，也就是大約可繳 2 萬 9 千日圓的故鄉稅。故鄉稅分為 5000 日圓、1 萬日圓、1 萬 5 千日圓等級別，這個例子就可在 2 萬 9 千日圓的限度內選擇商品。

4　ふるさとチョイス，網站：https://www.furusato-tax.jp。

💲 2 決定捐款對象後送出申請

第二個步驟是決定捐款對象後送出申請。你可以依照自己想支援的地方政府，或是想獲得的贈品，來決定捐款對象。**通常在樂天繳故鄉稅排行榜中名列前茅的地方政府，都是較實惠的選項。**

在這個步驟中，你還可以使用方便的「一站特例制度」，在申請書上填妥 My number[5] 等個人資料並提交給捐款對象，就可以免除報稅手續，直接享有繳故鄉稅的好處。如果不想使用一站特例制度，就必須進行報稅手續，選好贈品後會收到捐款收據，請在報稅前好好保管。

💲 3 領取贈品和收據

申請完畢後，你會收到贈品和收據。如前一個步驟所述，請勿遺失捐款收據，報稅時須使用。

5　在日本識別身分的編號。

$ 4 辦理捐款金扣除手續

最後一個步驟是辦理捐款金扣除手續。如果你已使用一站特例制度，就不需要進行這道報稅手續。如果沒有使用一站特例制度，則須在二月十六日至三月十五日期間，向稅捐稽徵機關報稅。對於上班族而言，報稅也是學習稅金和理財知識的機會，試著走走報稅流程也不錯。

我推薦的故鄉稅網站如下：故鄉選擇、樂天繳故鄉稅 [6]、故鄉 [7]。

6　楽天ふるさと納税，網站：https://www.rakuten-card.co.jp/point/furusato。
7　さとふる，網站：https://www.satofull.jp。

存到 500 萬日圓的喜悅①
擁有緊急預備金

　　如果能確實做到區分銀行帳戶、繳故鄉稅、持續省錢，我相信你一定可以達到存下 500 萬日圓的目標。接下來，我想談談存到 500 萬日圓之後能獲得的三個喜悅。

　　第一個喜悅是你**存到了能保障生活的金額**。

　　換句話說，**你有了退路**，那是能在你的退路上支持你的最低金額，也就是緊急預備金。

　　緊急預備金的金額因人而異，上班族基本上是半年至兩年的生活費。你也可以把緊急預備金當作保護自己或他人的最低金額。

　　只要有這筆緊急預備金，無論是遇到因經濟不景氣而破產的公司、裁員、歉收、疾病，或是因創業、還款等急需用錢的狀況，你也不會突然陷入生活困頓的窘境。**500 萬日圓的存款就是「能度過意外難關的金額」**。

　　根據日本總務省的收支調查年報，二○一九年單身家庭的每月平均生活費約為 16 萬 3 千日圓，兩人以上家庭則為 29 萬 3 千日圓。因此，單身家庭的一年生活費為 195 萬 6 千日圓，以這個數字來看，500

萬日圓約是能支撐兩年六個月的積蓄；以兩人以上家庭的一年生活費為 351 萬 6 千日圓來算，則是大約能支撐一年四個月的積蓄。

　　我認為，就算你突然完全失去收入來源，這筆金額也是足夠的緊急預備金。除此之外，假如你請領失業補助，然後去打工，用存款過日子，一年後也不太可能花光存款。

　　只要擁有能支撐你一年生活的儲蓄，你就能專心面對求職、轉職、讀書或養病期間，無論景氣好壞，都能夠克服難關、重新振作起來。舉個例子來說，當你在職場上遭遇權勢騷擾，你可能得在身心受創前休息，甚至離開那個職場。而這筆 500 萬日圓的緊急預備金，**能幫助你在被逼入絕境前逃離那個環境**，這就是它的價值所在。

　　我希望你一定要存到這個數字。

存到 500 萬日圓的喜悅②
減少支出

　　第二個喜悅是**減少支出**。當你存到 500 萬日圓，就代表你已經減少了許多不必要的花費。其實，有錢人的支出比窮人更少。

　　為什麼會這樣呢？首先，解除無謂的保險合約，收支情形就會變好。保險是用來應付風險的商品，只要你能以存款來應付風險，就不需要投保。

　　以住院時的個人負擔費用為例，在住院的人之中，使用與未使用高額療養費制度的人，住院時的平均個人負擔費用為 20.8 萬日圓，而從費用分布的資料來看，5 萬以上未滿 10 萬日圓占全體的 25.7%，10 萬以上未滿 20 萬日圓為 30.6%，20 萬以上未滿 30 萬日圓為 13.3%，30 萬以上未滿 50 萬日圓為 11.7%。

　　從以上數字來看，即使金額抓高一點，只要你有大約 200 萬日圓，並且善用高額療養費制度，那麼就算不投保醫療險也夠用，或是投保最低限度的醫療險就行了。

　　另一個能減少支出的原因是：你不需要辦理貸款，就可以一次付清高價品的費用。雖然購買 Apple 產品能以零手續費辦理分期付款，但辦理貸款通常都需要手續費，因此一次付清的費用必定低於分期的總和。我身邊就有人即使手頭無積蓄，仍會辦理摩托車或汽車貸款，

而且不會提早還款，總是直到期滿才償還，這實在非常浪費。即使是超出自身能力負擔的花費，以長期來看，付出的手續費和利息都是莫大損失。

有了存款，就能減少定期分期付款和定額分期付款伴隨而來的風險。

我身邊成功儲蓄的人之中，大多數都握有大筆現金，購物時通常一次付清，不會借款。

買不起而不買，買得起但不買，這兩者截然不同。

這就是為什麼有了錢之後更能存到錢。

存到500萬日圓的喜悅③
可以冒點風險（投資）

第三個喜悅是**可以從事冒風險的行動**，因為你擁有能應付風險的資產。

要承擔風險時，存款500萬日圓是再適合不過的後盾。當你擁有一至兩年份的生活費，就代表你有能力承擔風險。

這裡所說的「風險」並非「危險」，而是「不確定性」。

具體上包含換工作、創業、考證照、經營副業等，像我自己就是從工讀生做到正職，並且同時經營副業。為了提高收入而冒點風險時，500萬日圓的存款就是讓自己安心的後盾。

資產能成為你的後盾，前面提過的數據也顯示，500萬日圓能支撐一般上班族大約一至兩年的生活。只要有了夠用的生活資金，就能在身心維持富足的狀態下冒著風險行動，而不必背水一戰。從結果來看，新嘗試的挑戰也會更容易成功。就好比向喜歡的人告白時，從容的人會比焦躁的人更有機會。

此外，來到這個階段，你終於**獲得了挑戰金融投資的入場券**。雖然投資並非必備行動，但投資能使你的資產增加得更快。

存到500萬日圓，正適合開始利用「累積型NISA」和「iDeCo」。

也許你聽過這兩個名詞，假如你不熟悉這兩項制度，請務必翻到第六章詳細了解。

這兩項制度並不適合手頭沒有閒錢的人，平時存不了錢的人就算運用「累積型 NISA」和「iDeCo」，也不容易持之以恆。

因此我三番兩次強調，請先學會儲蓄。只要能夠充分運用「累積型 NISA」和「iDeCo」，在退休前建立數千萬日圓資產也絕非難事。

存到一至兩年的生活費後，你就**能運用「長期、累積、分散」的投資不二法門持續投資**。

我自己也是在存款夠多之後，才冒著風險經營 YouTube 頻道。但這是因為我壓低了生活費，才有辦法開啟這項副業。

手頭上是否有閒錢，將大幅影響承擔風險時的心境。因此我建議先腳踏實地存到 500 萬日圓，再付諸更多行動及拓展自身的可能性。

不要急於看到成果！
為了走捷徑，請選擇遠路

在本章的最後，我要提醒大家很重要的觀念：**不要急於看到成果**。

當你的存款超過 100 萬日圓，逼近 500 萬日圓時，你應該會充滿自信，同時也會不禁想著是否有捷徑？能不能存得更快？你會感到焦躁，因為這時的你會開始注意到那些存款比自己更多的人。你嫉妒那些人，你想要更快速的存錢法。

人要追求一口氣逆轉，就得承擔不必要的風險，而這麼做也容易嘗到損失且在經濟上失衡。我們必須避免掉入這種處境。

我們在建立資產時，重要的是腳踏實地持續存錢。別因為有了點存款就大肆揮霍，請保持專注與平靜繼續存錢。**儲蓄是任何人都能進行的事，請讓自己做得比任何人都好**，並且堅持到底。

我藉由貫徹儲蓄這項理所當然的行為，累積了大筆資產。我會繼續從收入中拿出一定的金額儲蓄，並持續投資。這就是我與他人最大的差異，也是最強的理財術。

持續進行理所當然的事其實並不容易，大部分的人都做不到，所以才會產生經濟差距。

問題的答案一向很簡單，為了走捷徑，請選擇遠路。我相信**認真工作、認真儲蓄、定額投資，就是正確的路**。

　　請貫徹儲蓄的決心，這樣一來，要超越 500 萬日圓、邁向 1000 萬日圓一點也不難。

第 6 章

努力跨越 1000 萬日圓的
高牆就能改變人生！

擁有 1000 萬日圓存款的人有什麼共通點？

　　日本現在擁有金融資產的人和沒有金融資產的人漸趨兩極化，持有 100 萬日圓的人已算是少數。大多數人的習慣使他們難以存到錢，必須採取一些方法才能累積平均以上的存款。

　　在這一節，我想介紹持有 1000 萬日圓的人有什麼特徵。由日本 GV 公司經營的理財網站「money-book」，針對日本五百位二十歲至四十九歲且持有 1000 萬日圓以上的人進行調查。

　　依據調查資料，受訪者擁有四個共通點：

　　（1）長期持續儲蓄
　　（2）存下每月收入的一至五成
　　（3）家戶收入高
　　（4）為了未來而儲蓄

　　關於第一點，調查結果顯示超過七成的人長時間儲蓄，並且花費七年以上存到 1000 萬日圓。他們腳踏實地、一點一滴累積存款，像我一樣短短四年內存到 1000 萬日圓的人反而是少數。

　　第二點則顯示這些人在務實的範圍內存錢，而非硬著頭皮儲蓄。以比例來看，他們存下每月收入的一至五成；以金額來看，八成的人

每月存 5 至 20 萬日圓。順帶一提，我每個月存下實際收入超過七成。

　　第三點代表這些人很會工作，也很會儲蓄。在這項調查中，正職工作者占 67%，約聘與派遣人員占 15%，自營業者 4%、家庭主婦 13%、無業 1%。

　　個人年收未滿 500 萬日圓的人占 59%，500 萬日圓以上占 41%，而家戶收入未滿 500 萬日圓者占 18%，顯示大多並非單人高收入，而是夫妻或伴侶雙方都外出工作賺錢。

　　雖然我並不反對家庭主夫、家庭主婦的角色，但在穩定儲蓄的家庭中，大多都有一定程度的收入，或是以雙薪家庭的形式生活。如同我在前面的章節說過，以我這種二十多歲的族群來看，過去男主外、女主內的家庭模式已不符合現今的時代，我認為雙薪家庭的生活模式才是未來建立資產的關鍵要素。時代改變了，現代人必須採取適合現代的儲蓄方式。

　　第四點顯示儲蓄時將眼光放在未來。在關於儲蓄原因的調查中，最多人回答是為了替自己或夫妻退休後做準備，其次是孩子的教育基金，第三位是為了投資，第四是出於興趣或娛樂，第五則是為了買房。

　　這些人不是為了滿足短期欲望，恣意揮霍手中的錢，而是為了未來建立資產，用長遠的眼光進行長期儲蓄。多數人所想的不是什麼死掉怎麼辦、也不是擔心帳戶被凍結這種事，而是踏實地為了未來而儲蓄。存得了錢的人都是以長遠的眼光思考，無一例外。

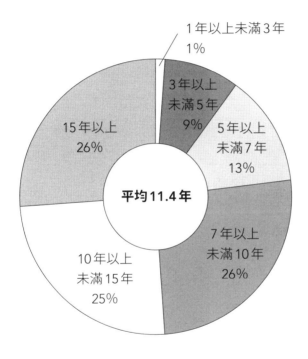

存到 1000 萬日圓的人花多久時間儲蓄

1 年以上未滿 3 年
1%

3 年以上
未滿 5 年
9%

5 年以上
未滿 7 年
13%

15 年以上
26%

平均 11.4 年

7 年以上
未滿 10 年
26%

10 年以上
未滿 15 年
25%

資料來源：引自 money-book「【儲蓄實情調查】持有 1,000 萬日圓以上的人有什麼特質」

存到 1000 萬日圓的人每月儲蓄金額

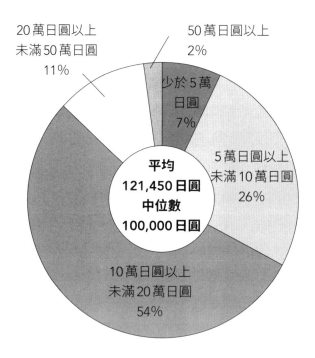

20 萬日圓以上
未滿 50 萬日圓
11%

50 萬日圓以上
2%

少於 5 萬
日圓
7%

5 萬日圓以上
未滿 10 萬日圓
26%

平均
121,450 日圓
中位數
100,000 日圓

10 萬日圓以上
未滿 20 萬日圓
54%

資料來源：引自 money-book「【儲蓄實情調查】持有 1,000 萬日圓以上的人有什麼特質」

存到 1000 萬日圓的人每個月從收入中存多少比例

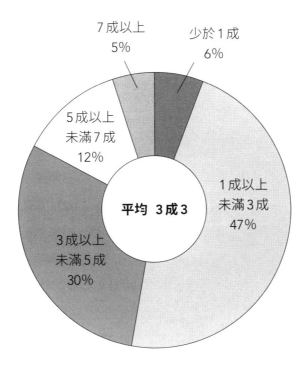

資料來源：引自 money-book「【儲蓄實情調查】持有 1,000 萬日圓以上的人有什麼特質」

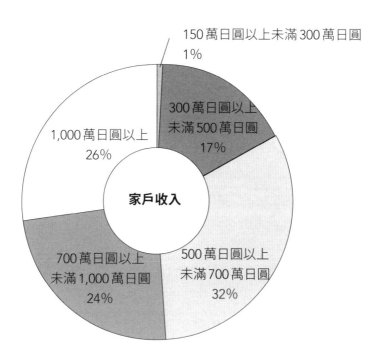

存到 1000 萬日圓的人的家戶收入

150 萬日圓以上未滿 300 萬日圓
1%

300 萬日圓以上
未滿 500 萬日圓
17%

1,000 萬日圓以上
26%

家戶收入

700 萬日圓以上
未滿 1,000 萬日圓
24%

500 萬日圓以上
未滿 700 萬日圓
32%

資料來源：引自 money-book「【儲蓄實情調查】持有 1,000 萬日圓以上的人有什麼特質」

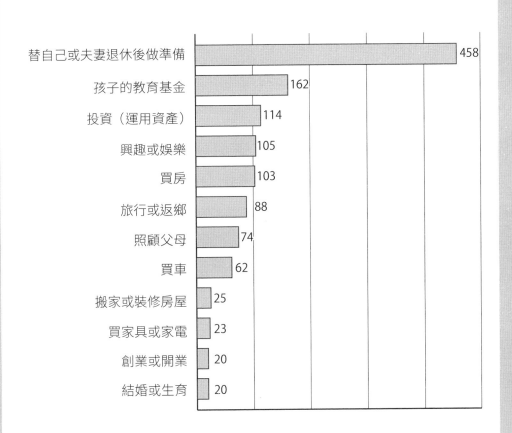

存到1000萬日圓的人為了什麼原因或目的儲蓄

項目	數值
替自己或夫妻退休後做準備	458
孩子的教育基金	162
投資（運用資產）	114
興趣或娛樂	105
買房	103
旅行或返鄉	88
照顧父母	74
買車	62
搬家或裝修房屋	25
買家具或家電	23
創業或開業	20
結婚或生育	20

資料來源：引自money-book「【儲蓄實情調查】持有 1,000 萬日圓以上的人有什麼特質」

存下家戶收入的將近 25%

前一節介紹了透過儲蓄存到 1000 萬日圓的人具有的特徵。

接下來我想針對存 1000 萬日圓的目標,進一步說明我建議的儲蓄比例。

第五章說明了在邁向 500 萬日圓的高牆時,建議以實際收入的 10%為比例儲蓄。到了這個階段,你當然可以繼續存 10%,甚至存少一點,慢慢達到目標也無妨。

但是,在前述觀念下,我想提供你另一個選擇,也就是《我的庶民養錢術》(本多靜六著,實業之日本社)[1] 中的觀點。這本書的作者本多靜六年輕時是個勤勉的學生,後來任教於東京大學,他靠自己建立了 100 億日圓的資產。

我想介紹的是他提倡的「**1/4 儲蓄法**」。

打從我萌生想脫離貧窮的強烈念頭之後,便開始實行這套方法。

這套方法是存下實際收入的 1/4,例如從實際收入 20 萬日圓中存

1　中文版由大牌文化於 2010 年出版,2019 年改版。

下 5 萬日圓，以剩下的 3/4 過生活。

　　寫成公式就像這樣：

　　「存款＝平常收入 ×1/4 ＋臨時性收入 ×10/10」。

　　以經營副業的上班族來說，假如公司月薪為 20 萬日圓，每年獎金 100 萬日圓，還有經營副業的 50 萬日圓收入，採用這套「1/4 儲蓄法」，就是**從公司月薪中拿出 25%儲蓄，同時把副業和獎金等臨時性收入也全數存起來。**

　　如此一來，資產就會大幅快速增加。

別提升生活水準，活得簡單點

前一節介紹的是本多教授存下超過 100 億日圓的養錢術，接下來要分享存到 1000 萬日圓時的注意事項。

也就是**別提升生活水準**。

大部分的人在收入提高之後，就會想提升生活水準，而且是在不知不覺中自然就提升了。

雖然依舊在賺錢、戶頭裡也一直有錢，但收入增加，儲蓄卻沒增加，原因就在於生活水準改變了。

從經濟學的觀點來看，**人類有了收入之後，支出也會跟著變多**。假設一個人實際收入 15 萬日圓、生活支出 13 萬日圓，結餘便是 2 萬日圓；然而當他實際收入提升至 30 萬日圓，支出也會提升至 28 萬日圓，結餘仍是 2 萬日圓。

要是這種狀況持續下去，**人會慢慢習慣自己「存不了多少錢」的事實**。即使好不容易提升收入，卻無法存下更多錢，將來仍然會變窮，無法過上有餘裕的人生。若當事人自覺過得去倒還好，最怕的就是未來想準備養老金、教育基金、緊急預備金的時候，卻拿不出像樣的一筆錢，立時陷入窘迫的境地。

　　不提升生活水準，換句話說就是活得簡單一點。

　　愛因斯坦曾說：「人生就像騎腳踏車，必須一直前進才能保持平衡。」如果你載著大量的行李，在平坦的路上也許沒事，可是一旦颳大風、下大雪，或是走上了崎嶇不平的道路，你就會失去平衡，一路搖搖晃晃；要是遇上陡峭的上坡路，辛苦程度肯定瞬間翻倍。儲蓄和省錢也是同樣的道理，就像騎腳踏車和跑馬拉松一樣，關鍵在於持續前進的耐力，而為了不忘前進的意義和目標，活得簡單很重要。

活得簡單的方法①
找到不花錢的樂趣

這一節開始，我想介紹活得簡單的具體方法。

第一個方法是**找到不花錢的樂趣**。不花錢也能感到幸福。

不少人錯誤地認為花錢才能幸福，為什麼他們會這樣想呢？

因為這出於一種幻想，幻想高價商品和服務可以帶來比便宜商品和服務多出十倍、百倍的滿足感。但其實商品的價格取決於供給和需求，簡單來說，價格由賣方訂定，當賣方降價就會變便宜，不降價就維持高額售價。就像眼前擺出 100 萬日圓和 1000 日圓的紅酒，只要消費者覺得 1000 日圓的紅酒好喝，也就足夠了。

除此之外，最好可以充分感受從健康完善的生活中獲得的幸福和感謝之情。這是我處世的根本，我認為自己能在公共衛生、教育制度完善的環境與時代下成長，是我最大的幸福。

因此，我享受烹飪、散步、看 YouTube、與朋友在家小酌等不花錢的樂趣。

享樂的祕訣是與人交流。但我也喜歡獨處，並且在兩者之間取得平衡。

活得簡單的方法②
換算一下，在浪費之前踩煞車

　　第二個方法是**在消費前，先和生活費比較與換算**，讓自己在浪費之前踩煞車，停下來冷靜判斷。假使一年的生活費是 300 萬日圓，那麼即使好不容易存到 300 萬日圓，只要花一年就見底了。

　　此外，我希望大家都能澈底了解自己的生活費金額，因為那是攸關生活基礎的根本問題。我可以用我的實際經驗告訴你，生活基礎不穩固時，你的人格會改變，人生也不再快樂，只剩下滿滿的不安。

　　當你出外用餐時，請想想看這一餐的花費會是你幾天份的伙食費；當你購物時，不妨算算看要工作幾天才能賺到那些錢。這麼一想之後，你會更加感謝自己能付錢購買每一項商品與服務，也又一次體會到賺錢的辛勞。

　　我過去比較精打細算的時期，連朋友來玩的時候都會在意電費，還會盯著外食的餐點思考自己煮的可行性與能省下多少錢。雖然這樣幾乎可說是矯枉過正了，但我認為只要稍微懷著幾分這種心態，就能過著不花錢的生活。

　　花錢最令人感到後悔的時刻，就是花在並非真正喜歡的事物上，或是花在不明確的事物上。反過來說，當你把錢花在對自己來說真正

有價值的事物上，你就不會感到後悔，也自然不會去換算那是幾天份的伙食費或幾天的工作量。

　　請把錢花在自己真正認為有價值的事物上吧！

活得簡單的方法③
不要提高理所當然的標準

　　第三個方法是**了解提高支出後很難回頭的道理**。

　　花錢很簡單，因為滿足欲望會讓心情變好。

　　可一旦提高了支出，就沒那麼容易回頭，這叫做「棘輪效應」。尤其當景氣衰退時，消費金額提高，將愈發難以遏止個人消費與景氣走向的趨勢。

　　簡單來說，就算日後所得減少了，也很難突然改變生活水準。即使收入降低，仍會進行過往的消費行為，**甚至寧可動用存款來維持原本的生活水準**。

　　我也遇過這種情形，提高理所當然的標準是相當危險的選擇。許多人支應不來收入減少的狀況，便開始借錢，於是收支逐漸失去平衡。

　　大多數人借錢的原因是為了貼補生活費，而且因為意志不堅，漸漸陷入負債地獄。必須具備相當強韌的意志，以及強烈的覺悟，才能真正逃離可怕的負債地獄。這就像無數減肥失敗後又復胖的案例，由於缺乏強韌的意志，無法持之以恆，屢屢以失敗告終。

　　與其等到自己深陷於絕境後才努力擺脫，不如一開始就過著盡量不花錢的生活。別提高生活費就沒問題了。好比為了不發胖，一開始就注意別吃太多一樣。

活得簡單的方法④
生活水準保持「學生時期的標準」

　　第四個方法是**知道現在的收入總有一天會中斷**。你一定會遇到不景氣的時候，總有一天會面臨重大事件，因此在遭遇危機前就要澈底做好事前準備，才不致在緊急狀況發生時突然陷入窘迫的境地。

　　很多人認為自己任職的公司不可能破產，日後薪水也必然會上漲或頂多持平。但事實上，沒有人能預知一年後的發展。

　　維持年收 100 萬日圓不難，但維持年收 2000 萬日圓就不容易了，要付出的勞力全然不同。當一個人年收愈高，職場上要求的成果就愈高，必須勞心勞力才能達成。所以，我絕對不會讓自己背上三十五年房貸這類的沉重負擔。

　　先預想最壞的情況，基本上生活會變得比較輕鬆。以薪水必然減少為前提生活，如果薪水增加了就會很開心，手頭也會更寬裕；即使薪水真的減少了，也能依照計畫應對。就算我轉換工作或公司等職場環境發生變化，至少我有自信還是能維持在年收 200 萬日圓上下，因此我設想實際薪水是 170 萬日圓，**自己則以每月生活費 14 萬日圓為標準過生活**。

　　我目前實踐的**最強儲蓄法，就是不提高學生時期的生活水準**。前一節也提過關於生活水準的注意事項，而保持「學生時期」的生活水

準也很重要。要降低生活水準並不容易，所以我一直以來刻意不提高生活水準，要說我是因為這麼做才存到一大筆錢也不為過。

我在學生時期的每月支出大約為 10 萬日圓，並且為了在報稅時仍為受扶養狀態[2]，我透過打工一年賺了 103 萬日圓。後來進入職場，每個月實拿超過 20 萬日圓，我感到相當驚訝，沒想到第一份工作的薪水這麼多，彷彿一瞬間就賺到了學生時期的工資，更不用說還有獎金，令我相當雀躍。當現在的收入是學生時期的好幾倍，而支出仍維持在學生時期的水準時，收入減去支出的結餘就會變多，並且全數化為存款。

我不只是維持學生時期的生活水準，甚至是降低生活水準，並且因此存下許多錢。以伙食費為例，我在學生時期每個月花 3、4 萬日圓，現在自己煮之後，每個月伙食費降到 1、2 萬日圓。

我並不是要求你一輩子都不能提高生活水準，只是要訂立一個目標，例如在身負債務的情況下，或是在存到 100 萬日圓之前先壓低生活水準。

決定好目標之後，盡可能壓低生活水準，就能自然而然養成習慣，培養出強大的「儲蓄體質」。

2　一年收入超過 103 萬日圓就不能受扶養，必須多繳稅。

以1000萬日圓為目標
持續存錢的三個訣竅

　　接著,我要分享在存到1000萬日圓之前「持續存錢的三個訣竅」,這點非常重要。

　　第一個訣竅是**重新確認目標**。重新確認目標能增加你存錢的動力。

　　如果你不知道自己為什麼念書,也不知道念書範圍,那就很難持續念書。必須先有目標,當下才會努力。有了目標,當下才能忍耐。走在沒有出口的隧道中,是非常痛苦的一件事。

　　我曾經上過英語會話補習班,但我一點也不喜歡那裡的教學內容和形式,完全提不起興趣,所以每天都很痛苦。到頭來,即使我補了英文,從國中、高中到大學的英文成績不是低空飛過,就是不及格,而且心態上始終很消極。

　　每個人儲蓄的理由和契機都不同,例如想要半退休、創業或買房,請試著重新了解自己具體想做的事或具體目標,明白自己想過什麼樣的人生,想擁有什麼樣的事物。我的儲蓄目標就是:想獲得心靈與生活的安穩。

　　第二個訣竅是**想像自己沒錢的狀況**。負能量是驅使人們行動的強大原動力。

我喜歡「負面教材」這個詞，在行動之前先掌握他人的失敗經驗，不僅更有效率，也可以在實際執行前，從他人的失敗教訓中，防止誤踩眼前的大地雷。

請想像自己為錢煩惱的模樣。你可能必須一輩子工作，腦中淨是貧窮的現況，每分每秒都在擔心開銷，夜裡睡覺也睡不安穩。一旦在職場上發生衝突，就會害怕自己失去容身之所，寧可掩蓋錯誤，最終導致工作評價下降，連薪水都因此變少。

只要想像自己沒錢的處境就會明白，手頭不寬裕是非常痛苦的。即使現在一帆風順，也難保未來的順遂。

過去我背著債務找工作，內心就是抱著絕對不容許自己再次陷入貧窮的強烈念頭。要是你無法想像自己沒錢是什麼樣子，不妨參考電影、戲劇或漫畫作品，前面也提過，**我個人強烈推薦《黑金丑島君》**。

第三個訣竅是**回顧自己的成功經驗**。這可以維持你的幹勁。

假如你身處的環境讓你覺得綁手綁腳、無法發揮實力，你就很難持續製造成功經驗。職場上也一樣，要是完全不被認同、完全不曾受到讚美，想必很難受，畢竟現在連駕訓班教練都以讚美取代責罵了。要是不方便四處分享自己的儲蓄成果，**看著自己的存款金額暗自竊喜也不錯，請好好讚美自己吧**。只要你實際感受到自己正在一點一滴存錢，不僅能增添自信，也會對工作和生活帶來正面影響。

我持續存錢的原因

在這一節，我想介紹我持續存錢的原因。

第一個原因是**我樂於看見數字成長**。

我從小就愛打電玩，尤其喜歡在遊戲中蒐集道具，看著遊戲裡的經驗值逐漸成長。而且，我小時候就習慣存一點錢，長大後也養成了這樣的習慣。老實說，看著自己的存款和金融資產增加，就像打電玩一樣令人振奮。我甚至認為，資本主義的誕生，就是來自於這些成年人樂在其中的真實遊戲。

第二個原因是**我很喜歡錢**，而且**喜歡聊理財話題**。

我經常在職場上談論理財，也會與熟識的友人討論。不過，請注意，並不是任何人都愛聊理財，請明確區分可以聊的人和不能聊的人，不然容易被視為怪人。

我認為**喜歡錢就能帶來錢**。

過去我總覺得談錢很俗氣，也不會與朋友聊理財。直到我開始省錢和存錢之後，逐漸對理財產生興趣，也會與身邊的人討論。沒想到，我身邊因此聚集了一群喜歡錢的人，大夥共同改善了理財觀念，形成

良好的循環。所以，不妨就像青春期學生熱中於討論喜歡的對象那樣，與身邊的人討論資產配置、各種優惠折扣活動、打算如何花錢，以及想存多少錢等話題吧。

第三個原因是**我深知沒錢的痛苦**。

正因為我曾經背著債務待業，當時深刻體會到內心巨大的不安，這才費盡心思讓自己不要再為錢煩惱。

沒錢的經驗相當痛苦，但同時也是一個轉機，讓人嘗到金錢的教訓。

據說我父親早年也曾受金錢所苦。就像我將沒錢的經驗化為存錢和省錢的動力般，父親也對賺錢異常執著，而且對於將來賺不到錢的危機感比任何人都強烈，因此他邊工作邊考取證照，累積了轉換跑道的經驗。

為錢所苦的經驗未必都是負面的，雖然眼下會覺得日子很苦，但請不要將自己的痛苦一味怪罪於旁人或其他因素。只要將痛苦的經驗化為日後的教訓，以更正面的眼光看待，一定能對未來的儲蓄人生有所助益。

開始運用資產（投資）

　　我的 YouTube 頻道的觀眾中，應該不少人都已經在儲蓄了。想必也有很多人聽過存錢的下一步最好要投資，卻又不曉得具體該怎麼做。

　　其實我起初也不敢碰投資，直到很久之後存下了一筆錢才進場。我可以從自身的經驗推薦一個標的給大家。

　　我推薦的標的是基金。我認為，**存得了錢的人很適合投資基金。**

　　所謂基金，指的是付出手續費由他人代替自己管理配置的金融商品，相當簡單且毫不費力。

　　基金分成「指數型基金」和「主動型基金」兩種。

　　指數型基金的操盤目標是與代表整體市場趨勢的指數連動，例如日經平均指數就是日本具代表性的兩百二十五家企業的股價平均，指數型基金會與這種指數一同漲跌。

　　主動型基金則是由專業的基金經理人或投信公司，基於各自的眼光和投資判斷，以高於基準指標的收益為目標操盤。

　　我推薦大家做指數投資，投資指數型基金。我個人認為，**擅長儲蓄的人，非常適合做這種投資。**

　　請聽我在下一節說明原因。

📋 指數型基金與主動型基金

指數型基金	主動型基金

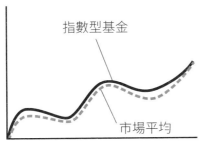 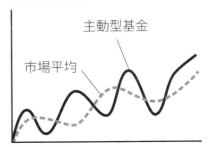

收益目標

操盤方針　目標是與市場平均（基準指標）連動　目標是高於市場平均（基準指標）

成本　低↓　高↑

我推薦投資指數型基金的原因

1 進入門檻低，新手也容易進場

我推薦投資指數型基金的第一個原因是**進入門檻低，新手也容易進場**。

除了容易進場，重要的是容易持續投資。

只要開設證券帳戶，就可以用最低 100 日圓開始申購。如果透過網路證券申購，甚至不需要與他人面對面，在家就能輕鬆申購。

你可以設定自動申購，只要決定頻率，看是每天還是每個月，就能自動投資。設定好之後就可以毫不費力地進行投資，形成長期投資。

而且，這種投資的原理淺顯易懂，只要申購一檔基金標的，就能投資上百、上千個國家或題材，達到分散風險的效果。每一檔基金的投資主題也不同，不妨仔細查看後，找到自己認同的標的投資。

比方在日本申購的基金中，有一檔名為 eMAXIS Slim 全世界股票（all country），它是一檔市值加權型的指數型基金，與 MSCI AC 世界指數連動，分散投資先進國家與新興國家共約三千檔股票，涵蓋全球各國市場約 85%的市值。也就是說，申購這檔基金，就等於申購全世界。

2　過去的績效亮眼

第二個原因是**過去的績效亮眼**。這給人強大的安心感。

存得了錢的人與擅長儲蓄的人，以攻守的光譜來說較偏向重視防守的個性。假如他們擁有 1000 萬日圓存款，就代表擁有 1000 萬日圓的本金後盾，並為此感到安心。這時要他們把存款拿去投資，可說是要他們鼓起非常大的勇氣，但指數投資歷來的亮眼績效是一劑強心針。

我們來看看指數型基金相對於主動型基金的績效表現吧。根據權威機構 Morningstar 在 2015 年做的調查，日本的指數型基金績效表現贏過主動型基金的機率是 70% 至 80%。此外，根據其他調查，美國的指數型基金勝率是 85% 至 90%。

從長期的觀點來看，只要持續進行指數投資，新手也可能締造媲美專業老手的成績。

過去的績效也告訴我們，只要長期投資，至少設定二十年投資期間，目前沒有任何賠錢的數據。綜合上述現象，我認為指數型基金是能帶來安心感的投資標的。

儲蓄和指數投資的共通點

3　和儲蓄很像

　　我推薦指數投資的第三個原因是**指數投資和儲蓄很像**。實際上，投資和儲蓄當然不一樣，但指數型基金和儲蓄很像。

　　我曾說過儲蓄就像在減肥，指數投資也有異曲同工之妙。

　　減肥和儲蓄都要有目標和計畫，規畫好未來藍圖之後，便開始努力實踐計畫。例如儲蓄是為了還債、獲得想要的事物、活得富足；減肥則可能是為了外形好看、想要更有魅力或更健康。通常都是為了走向光明的未來，帶著想改變的期望而儲蓄或減肥。雖然無法立即看見成果，但我們仍然會為了將來可能的收穫而訂定計畫，每天努力執行。

　　指數投資也是如此，申購基金雖然無法立即看見成效，但能在日後獲取龐大的收益。

　　因此，我認為能儲蓄的人也能成功減肥，還能嘗試指數投資，相當適合一步一腳印的日本人。

　　此外，定期申購基金的做法類似儲蓄，也是容易持之以恆的原因。

　　只要把錢放入證券帳戶，設定申購基金，就能定期定額一點一滴持續投資。所謂定期定額，指的是以一定金額持續申購價格浮動的金融商品，可以分散時間、提高風險容忍度。

假設以每年 3% 報酬率，並且以月計息來投資二十五年，即使不持續投入本金，大致計算一下，500 萬日圓也能成長為 1057 萬日圓。這筆錢能怎麼使用呢？在將來的收穫前耐得住性子的人，最適合這種投資。他們必須在獲得成果前將錢放在股票市場，然後熬過股價暴跌時的精神考驗。

此時如果身上有存款，就能提高風險的容忍度，即便股價暴跌也更能忍受精神上的折磨。因此，**存款是一切的關鍵，而且要用閒錢來投資**。假如能持續存錢，收支相減有結餘，那麼就算收入下降，只要降低生活費就能繼續投資。

4 持續投資不費力

第四個原因是**容易持續投資**。基金節省了多數投資人這一端的手續，我們可以一次投資上百或上千個標的、國家、題材，達到分散投資的效果。

要獨自一人投資這麼多標的，執行起來似乎是天方夜譚。不但要花上相當長的時間，管理上也會非常吃力，並不容易長期進行。更何況，連選擇標的都得親力親為。但若你申購基金，投信公司會在基金內變更組合，排除不優良的公司，同時改變各標的的投資比例。不費力的投資特質，才能持續投資。

　　說了這麼多，我想表達的是**投資最重要的是，不需要放太多注意力**。我認為任何事都講求持之以恆，投資指數型基金既簡單又不費力，極具吸引力。

　　而指數投資的成敗關鍵在於能否長期投資。數據顯示，比起短期重複買賣的投資人，**長期持有的投資人績效更佳**。

　　指數投資績效好的人，第一名是往生者，第二名是忘記自己有投資的人。我希望大家都能成為第二名，可不能就這麼輕易死去。

指數投資的缺點

可是，指數投資也有缺點。

第一個缺點是**無法獲得高報酬率**。

我們假設一年報酬率為 2%、3% 左右（雖然可以期待報酬率達到 5%，但以較小的數字來評估更精確），指數投資無法一次翻轉人生。本金 10 萬日圓不可能變成 1 億日圓，你也不會在一年之內變成大富翁。如果想一次翻轉人生，就必須進行高風險投資才有較高的機率達成。好比巴菲特一年的報酬率也不過 20% 左右，等同於 100 萬日圓變成 120 萬日圓的程度，這可無法翻轉人生啊。年報酬率為 2%、3% 的話，要投資超過二十年才能變有錢。指數投資無法一次翻轉人生，但**能在持續投資約二十年後，靠複利的效果，以時間換取收益**。

第二個缺點是**缺少刺激感**。

我認為指數投資不適合喜歡享受投資樂趣的人，因為指數投資的機制平淡又具有重複性。

根據投資人的選擇，指數投資會以每月或每日的頻率自動投資。你一開始或許還會好奇地看看線圖，但時間一拉長，你既不需要頻繁地看盤，也幾乎不必去看「今天大盤跌了多少」之類的新聞報導。

　　你可能會失去看著股價漲漲跌跌的刺激感，而那股刺激感正是投資的精髓。因此，我建議習慣投資的人可以偏重指數投資，再以投資個股作為輔助。

　　第三個缺點是**管理成本**。
　　申購、持有、賣出基金都需要花錢，由於不是自己操盤，而是透過投信公司投資，因此必須負擔各項手續費。大部分基金收取的手續費都不低，如果沒特別篩選就糟了，要是買到須負擔龐大手續費的基金，別說是累積資產，甚至可能導致資產減少。
　　所幸受惠於現代社會的進步，透過網路證券就能以非常低的手續費申購指數型基金。而且，巴菲特說過，對於大多數投資人而言，低手續費的指數型基金是最明智的投資選擇。

　　第四個缺點是**必須賣出才能取得收益**。
　　老實說，賣出是一種困難的抉擇。
　　股票的股利會定期自動匯入帳戶，投資人可以選擇再投資或自行運用，很容易就感覺到生活變得富足、收入增加、經濟上更寬裕。但是，可利用「累積型 NISA」申購的指數型基金，必須獨自做出基本的停利決定。雖說投資是為了儲備未來，但必須從現階段每個月的收入中拿出一筆錢做指數投資，而投資收益並非現階段就能回收。因此

當投資的錢愈多，現階段的生活就愈受限。投資是為了未來而投入現在的錢，所以很難快速得到變富足的感受，也不容易明顯察覺到生活變好。

收到股利，可以激勵自己長期投資或省錢，但指數投資並沒有如此顯而易見的效果，因此難以化為動力。

而且，等到你老後想動用這筆資金時，你真的願意動用嗎？這也關係到自己的心理狀態。一步一腳印長期累積資金的人，到了要動用那筆資金的時機，是否真能毫無心理障礙使用？人類絕非那麼理性的生物。

然而綜合考量優、缺點之後，指數投資還是非常適合擅長儲蓄的人。只要在未來動用這筆資金之前，能建立起自己運用金錢的模式，或是能以較低的生活費過上滿意的生活，那麼等到要動用資金的時候，比較不會產生心理障礙。

日本政府推薦的資產累積制度① 「累積型 NISA」

要開始指數投資，我建議你多運用「累積型NISA」以及「iDeCo」，這些制度都採取長期累積分散投資。

我在前一節推薦了指數投資，只要指數投資適合你，你也認為可以長期進行，那就不妨試試看。很多人不知道有了儲蓄之後還能做什麼，請一定要試著至少從小額開始挑戰投資。我從指數投資開始踏入投資世界，對各種投資都相當感興趣，現在也進行許多類型的投資。

接下來我將介紹「累積型 NISA」。

⑤ 什麼是「累積型 NISA」？

「累積型 NISA」是日本的一種免課稅制度，支援民眾從小額開始長期累積分散投資，於二〇一八年一月起上路。

適用這種制度的投資人須為年滿二十歲的日本居民，一人限開一個帳戶，免課稅投資額度為每年 40 萬日圓，免課稅期間二十年，可投資期間至二〇四二年止，適用金融商品包含日本金融廳核准的長期累積分散型基金。NISA 制度還有「一般型 NISA」、「Junior NISA」，

這次我要介紹的是「累積型 NISA」。

　　根據二〇二〇年九月的金融廳資料概算，約有 14% 的日本國民正在使用「累積型 NISA」或「一般型 NISA」。

「累積型NISA」的優點

1 投資收益免課稅

　　「累積型 NISA」的第一個優點是**投資收益免課稅**。在日本，一般投資收益都要課徵 20.315％的稅金；但使用「累積型 NISA」申購的標的，其投資收益免課稅，所有收益都能回到投資人的口袋。

2 資金不受限

　　第二個優點是**資金不受限**，任何時候都能提領。假如你投資了二十年，因為手邊現金不夠須提領「累積型 NISA」的資金時，可以隨時提領。

　　與「累積型 NISA」類似的制度還有「iDeCo」，我後面會介紹，「iDeCo」無法中途提領，這是兩者極大的差異。「累積型 NISA」和「iDeCo」都是必須長期投資的制度，但「iDeCo」不能任意提領，有時可能會造成資金周轉不靈。

　　「累積型 NISA」就像存款一樣，可以隨時動用，能在危急時刻成為救命資金，這點非常彈性。畢竟我們不知道人生何時會出狀況，也許突然一場急病需要一大筆錢治療，運用「累積型 NISA」較容易確保有一筆可動用的資金。

3 可以學習長期投資

第三個優點是**可以學習正統的長期投資**。投資分短、中、長期，不同期間的投資績效大不相同，現在已知長期指數投資是非常扎實的投資方法。

一聽到投資，或許你會出現價格短期浮動、必須盯盤的印象。其實，申購基金未必需要讀懂財務報表，但當然還是具備基礎知識才好。我認為投資的真諦就是長期、累積、分散，而「累積型 NISA」涵蓋這些要素。

沒有人想將好不容易賺來的錢丟進水溝，「累積型 NISA」並非設計為短期進出，而是以長期投資為前提，適合長期累積資產的制度。

活用「累積型 NISA」，你就可以長期投資。掌握了長期投資的基礎，也能發掘出對其他投資類型的興趣，進而學習其他種類的投資，例如個股、ETF（指數股票型基金）、黃金、REIT（不動產投資信託）等等，橫向拓展投資觸角。

無論工作、讀書、電玩，都是慢慢提升等級、愈發得心應手後逐步提升技巧，投資當然也一樣。

4 政府核准的基金

第四個優點是**政府核准的基金**。「累積型 NISA」的投資標的必須是向日本金融廳提報的公募股票型基金或 ETF。

　　截至二〇二二年四月底的指定指數型基金共有一百八十三檔，指數型基金以外的指定基金（主動型基金等）有二十三檔，ETF 則有七檔。而且，金融廳設有手續費上限，因此大部分標的手續費相對低廉。從這一百八十三檔指數型基金中選擇投資標的，是相當安全的做法。

　　由於每年可以投資最高 40 萬日圓，愈來愈多投資新手使用「累積型 NISA」開啟人生第一次投資。

「累積型 NISA」的缺點

1 設有二十年期間

第一個缺點是**免課稅期間最長只有二十年**。

目前免課稅期間只有二十年，真希望能再延長期限。雖然二十年也是一段不短的期間，但二十二歲出社會的人到了四十二歲就不能再使用「累積型 NISA」，又覺得實在太短了。現在已是人生百年時代，大多數人都很長壽，我認為延長至四十年、六十年都合理。

投資就應該長期進行，二十年真的不夠，我想政府今後應該會再研擬改良方案。

2 不保證本金

第二個缺點是**不保證本金**。指數投資和銀行存款不同，沒有準備金制度。因為本質是投資，所以不保證本金，一切責任自負。我強烈建議使用多餘的閒錢來投資，要是在存款吃緊的階段還投資，不僅會心神不寧，甚至會對長期投資感到焦慮，這樣是無法持久的。

3 每年四十萬日圓的上限

第三個缺點是有投資金額上限，**每年只有 40 萬日圓的投資額度**。

投資就是期間愈長，投入資金愈多，收益就愈多。但是「累積型NISA」設有 40 萬日圓的投資額度，不能投入超過 40 萬日圓。所以「累積型 NISA」對於人生的影響並不大，不太可能因為運用「累積型 NISA」，就戲劇化地改善生活，翻身成為有錢人。

「累積型 NISA」的禁忌

接下來，我想介紹在運用「累積型 NISA」時的注意事項。

第一個要注意的是**明明還沒存夠錢就投資**。

我再強調一次，投資應該用閒錢進行。沒存夠錢就投資，如同沒受義務教育就參加大學升學考試，連基礎都還沒打好，怎麼可能了解更高深的學問。原則上，請遵循「先儲蓄再投資」的順序。

經常有人問我：「我有負債，該如何配置儲蓄和投資的比例呢？」先說結論，這個問題的答案視債務內容而定，原則上請先還清債務。但如果是房貸、學貸，或是經過債務協商已調降利息，我認為投資與儲蓄也可以並行。

如果一口氣還清債務，手上就沒有現金，萬一急需用錢，可能又要再借錢。而且，存不了錢就代表支出大於收入，應該先改善收支狀況，以有限的收入維持生活，等收入扣除支出有結餘，存夠緊急預備金後再行投資。建議緊急預備金為六個月至兩年的生活費，一般獨居者可準備六個月的生活費就好，兩人以上家庭則準備一年的生活費，容易為錢煩惱的人不妨準備兩年的生活費。

　　第二個要小心的是**選到不熟悉的金融商品**。

　　不熟悉的金融商品無法長期持有。如果你不懂駕車的技巧和交通規則，就算是玩瑪利歐賽車的高手，也不能開車上路。

　　使用「累積型 NISA」可以申購的金融商品，都是經日本金融廳核准的標的，如同通過選拔般令人安心。雖然已排除手續費明顯過高的基金，但我完全不建議你只因為他人申購、推薦或是受歡迎，就貿然申購。

　　在學習投資的過程中改變投資標的，當然是件好事。所謂投資，就是購買你認為未來價值會上漲的投資商品。當你學習、累積知識後，就能多方思考，找到適合自身個性和風險容忍度的投資標的、方法，以及未來的理想模式。因此在申購基金前，務必先了解該檔基金的報酬、基金淨值、屬於指數型還是主動型、申購手續費、投資的成分股等資訊。

　　第三個要小心**停損賣出**。

　　停損指的是在跌破申購價格後，賣出金融商品。從長期觀點考量，不要只思考眼前的利益，有時不停損比較好。「累積型 NISA」的免稅額度不會還給你，所以停損非常可惜。如果你投資股票，發現運用「累積型 NISA」時出現虧損，可能會想賣掉標的，避免虧損持續擴大，但在「累積型 NISA」的架構下，這種行為就像是離開機率不斷變動

的小鋼珠臺一樣。

　　從運用「累積型 NISA」投資的那一年起，二十年間獲得的收益都不用課稅。而當你賣掉標的之後，免課稅的額度也不會還給你。你只要長期持有，投資標的未來的價值還有可能提升，賣掉之後就無法獲得任何收益。

　　只要沒有特殊的理由，不妨繼續持有目前申購的指數型基金吧。運用免課稅的制度相當安全。

　　此外，要是在金融商品價格低廉時投資，就可以申購大量便宜的基金。如果你相信未來價格會上漲，下跌時就是大量申購便宜基金的機會。

　　也許有人會說，既然下跌是個機會，那麼剛開始下跌時先不動聲色，等股價觸底再投資，效率應該更好。的確，如果在股價觸底時大量投資，就能吃到股價反彈後的龐大利益。但是關鍵在於，沒有人知道是否已經觸底，畢竟人們總是在回顧線圖時，才發現某個時刻是股價最低點。

　　「累積型 NISA」可以設定每個月投資，並不會預期當下的股價是在高點還是低點。如先前所介紹，「累積型 NISA」具有長期、累積、分散的特性，根據金融廳的資料，許多日本人都活用這個方法累積資產，因此「累積型 NISA」採用的是正統而扎實的定期定額制度。

 日本政府推薦的資產累積制度② 「iDeCo」

接下來要介紹個人型確定提撥年金「iDeCo」。

「iDeCo」是日本補足政府年金的制度。一般提到政府年金，通常會先想到國民年金或厚生年金吧。居住在日本的二十歲至未滿六十歲居民所加入的是國民年金，原則上保險費一律相同。而所謂厚生年金，則是在公司等單位工作的人所加入的年金；厚生年金的保險費會根據收入變動。

「iDeCo」則是自己累積的年金。 請將年金想像成房子，自營業者住在樓高一層樓的國民年金；上班族、公務員原則上是樓高兩層樓的年金系統，一樓是國民年金，二樓是厚生年金。

「iDeCo」則是在一樓或二樓上面，由自己再蓋一層樓的制度。因此，如果你想住在寬敞的房子，過著富裕的生活，就可以額外運用「iDeCo」，把房子增建。日本政府強制民眾須加入國民年金、厚生年金等政府年金；「iDeCo」則可以自由選擇是否加入。申請加入、提撥金的提撥、提撥金的運用全都要自行操作，未來可提領該提撥金和投資收益的合計金額。

根據二〇二二年三月的資料概算，約 2.6％ 的日本國民使用「iDeCo」（個人型）。

　　二十歲以上未滿六十五歲的人可以使用「iDeCo」，無論是自營業者、自由接案者，或是上班族、公務員、家庭主夫／主婦均可使用。每個月至少要提撥 5000 日圓，並以 1000 日圓為單位選擇每月定額提撥的金額。自二○二二年四月起，可提領的年齡為六十至七十五歲。

　　提撥金上限視個人身分而定，自二○二二年十月起，自營業者的提撥金上限為 6 萬 8 千日圓，厚生年金的被保險人和公務員為 1 萬 2 千日圓，投保企業年金者為 1 萬 2 千日圓或 2 萬日圓，家庭主夫／主婦為每月上限 2 萬 3 千日圓。

　　投資方式是從受理「iDeCo」的銀行或證券公司中，選擇一家公司的戶頭來投資。可以選擇的金融機構很多，我建議你從中挑選符合自己的習慣，以及想投資的金融商品。

　　請注意，這些金融機構之間有很大的差異，各金融機構能投資的金融商品也完全不同。請先確認各金融機構是否有你喜歡的商品，也要注意各金融機構的維護成本差異。「iDeCo」和「累積型 NISA」都是一種管理平臺，必須負擔帳戶管理手續費。各金融機構的維護手續費不同，請謹慎挑選。

　　此外，「iDeCo」規定年滿六十歲才能提領。關於這一點，我稍後也會進一步說明。請先記住「iDeCo」是個人型確定提撥年金，因為是年金，必須老後才能提領。提領時可以選擇定期提領，或是像退休金一樣一次提領。

iDeCo、累積型 NISA、NISA 的差異

	iDeCo	累積型 NISA	NISA
投資上限金額（1年）	14 萬 4 千日圓至 81 萬 6 千日圓 （※ 視加入者的職業而異）	40 萬日圓	120 萬日圓
稅金方面的優點	• 投資的提撥金可全額自所得扣除 • 投資收益免課稅 • 提領金額之中的一定金額免課稅	投資收益免課稅	投資收益免課稅
投資期間	加入起至 65 歲止 （可延長 10 年）	20 年	5 年
投資金融商品標的	定期存款、iDeCo 用的基金、保險商品	適合長期投資的金融商品，且為日本金融廳核准的基金	股票、基金、ETF、REIT
資金提領	60 歲前原則上不可提領	隨時可提領	隨時可提領

「iDeCo」的優點①
專屬於自己的退休金

　　「iDeCo」的優點在於投資的提撥金可全額自所得扣除，而且投資收益免課稅。

　　以年金方式提領時適用政府年金等扣除規定，一次提領則適用退休所得扣除規定。簡單來說，投入、投資、提領都可扣除。

　　接下來深入介紹「iDeCo」的優點。

　　第一個優點是**成為自己專屬的退休金**。公司提供的退休金通常是由公司準備資金，以公司投資、內部保留的形式累積，但也有無法完整確保資金的風險。而且，如果由公司來投資，不僅要由公司決定如何投資，還會受工作年資影響，工作年資愈低，退休金就愈少。

　　「iDeCo」則是用自己的個人帳戶投資，由自己決定要投資的金融商品。因此，無論換工作、退休、自立門戶等，**都不必依賴公司，可以由自己投資，並且長期持有標的或選擇轉移該資產**。既是年金，也是能依照自己的意思準備的專屬退休金。將來提領的金額依自己的提撥金額和投資績效而定，不受工作年資影響。即使換工作或退休，也不妨礙未來的提領，令人安心。

「iDeCo」的優點②
節稅效果強

　　第二個優點是**節稅效果強**，提撥金可全額自所得扣除，效果相當有感。不僅減少所得稅和居住稅，還能累積資產，真是貼心的制度。

　　舉例來說，假設上班族每個月投入 2 萬 3 千日圓，一年投入「iDeCo」的金額就是 27 萬 6 千日圓。「iDeCo」的節稅效果視所得稅和居住稅而定，居住稅的稅率為固定稅率，所得稅則是所得愈高、稅率愈高。假如所得稅率為 10%，加上 10% 的居住稅率就是 20%，一年投入的 27 萬 6 千日圓可省下 55200 日圓的稅金。年收愈高的人，節稅效果就愈大。綜合所得 600 萬日圓的人，可望每年省下 82800 日圓的稅金。

　　此外，投資收益免課稅，這點與「累積型 NISA」相同。假設因股票上漲，市值從 100 萬日圓變成 120 萬日圓，原本這 20 萬日圓的收益變現後要課 20.315% 的稅，也就是大約扣掉 4 萬日圓，只剩 16 萬日圓。但若使用「iDeCo」或「累積型 NISA」，就可以直接獲得 20 萬日圓的收益。

　　至於提領時的扣除額，由於「iDeCo」是一種年金制度，因此會在提領時課稅。此時可以選擇一次領或分次領，如同前面說過，分次提領年金適用政府年金等扣除規定，一次領則適用退休所得扣除規定。

目前退休所得扣除適用優惠稅制，即使提領會課稅，也具有非常強的節稅效果，因此我推薦以退休所得扣除來提領。

「iDeCo」的退休所得扣除額依工作年資而異，使用達二十一年以上最優惠，因此我建議大家盡早使用。

使用期間在二十年以下的計算公式為「40 萬日圓 × 工作年資」，超過二十年的部分為「800 萬日圓＋70 萬日圓 ×（工作年資－20 年）」，得出的數字就是退休所得扣除額。

「iDeCo」的優點③
低成本且容易長期累積

　　第三個優點是**全都是低成本的基金**，你可以用銀行或證券帳戶來申請「iDeCo」。

　　金融機構提供的金融商品各不相同，但只要使用諸如**樂天證券、SBI 證券、松井證券、Monex 證券**等大型證券，就幾乎不會出錯。請使用大型證券公司的「iDeCo」帳戶，盡可能降低成本。

　　而且，你能投資傳統型指數，也能投資 FTSE 富時全球全市場指數、MSCI AC 世界指數等全球市值加權型指數。

　　樂天證券提供樂天全球股票指數型基金，SBI 證券提供 eMAXIS Slim 先進國家股票指數型基金，Monex 證券和松井證券提供 eMAXIS Slim 全世界股票等標的，只要善加運用，就不會在長期投資路上遇到完全失敗的商品，降低無法累積資產的風險。

　　第四個優點是**容易長期累積和分散投資，也容易長久進行**。長期、累積、分散是投資人致勝的超強武器，「iDeCo」則可在投資市場強制使用該武器。

　　對散戶投資人來說，重要的不是用一大筆錢進場一次拚勝負，而是要進行不失敗的投資。因此，我們不追求短期績效，而是長期投資。

不要一次投入一大筆錢，請每個月定期定額投資；不要集中投資一個標的，請廣泛分散投資各種資產規模、地區市場、時間。透過「iDeCo」和優良基金，可以達成上述重要條件。

雖然二十年很漫長，但只要長期投資，依照過去績效，很高的機率不會失敗。只要資本主義社會存在，經濟持續發展，那麼指數就有很高的機率向上成長。

不過，請別忘了，無論股票投資、「iDeCo」還是「累積型NISA」，都無法保證百分百賺錢。

即使過去的績效歷歷在目，也不代表未來也能端出同樣的績效。

儘管如此，公務員或上班族每個月努力點就能拿出 1 萬 2 千日圓、2 萬 3 千日圓投資，而且六十歲前不能提領，因此我認為使用「iDeCo」半強迫儲蓄，給自己存一筆退休金也是不錯的選擇。

「iDeCo」的缺點

接著介紹「iDeCo」的缺點。

1 要負擔各種手續費

第一個缺點是**要負擔各種手續費**，加入時要付 2829 日圓，移動到其他證券帳戶的移動手續費是 4400 日圓，帳戶管理手續費是月費制，包含國民年金基金 105 日圓、信託銀行 66 日圓（網路證券的營運管理手續費為 0 日圓）。使用「iDeCo」的期間，必須繳交手續費直到六十至七十五歲左右，那是一筆長期的固定成本。

提領時須給付事務手續費，信託銀行會收取 440 日圓。提領次數愈多，手續費愈高。

退還事務手續費為國民年金基金 1048 日圓、信託銀行 440 日圓。

此外還會針對信託報酬收取費用，每天從基金餘額扣抵。

因為存在這些固定成本，我強烈建議你選擇股票作為標的。

2 有投資風險

第二個缺點是**有投資風險**。「iDeCo」除了投資基金之外，也可以用來買保險或儲蓄；如果選擇「iDeCo」做定存，很可能敗在手續費，

或是資產難以成長，因此我以投資股票為前提進行說明。

投資股票一定有風險，假如你不明白資產會隨股價漲跌起伏，當你遇到必定到來的景氣循環低點，而看見股價暴跌的時刻，很可能就會懊悔不已。有景氣好的時候，就有景氣不好的時候，這是如同水往低處流的定律。請做好心理準備，景氣循環以十年為週期交替。使用「iDeCo」長期投資時，必定會遇到股價暴跌，而且無法迴避，你得先明白它具有這種投資風險。

3 資金會被綁住

第三個缺點是**資金會被綁住，原則上直到六十歲才能領出放在「iDeCo」裡的錢**。有些人不喜歡這一點，所以不使用「iDeCo」。

伴隨年齡和環境改變，生活方式和價值觀也會產生諸多變化。單身時雖有多餘的錢，但結婚後開銷變大；原本不想買房，卻在價值觀改變後想要擁有自己的房子。然而，你卻不能在急需用錢的情況下領出「iDeCo」裡的錢。

六十歲以前不能領出「iDeCo」裡的錢，假如你從三十歲開始使用「iDeCo」，就要等上三十年才能領出來。如果你不確定自己十年後、甚至一年後的計畫，萬一想用那筆錢的話，可就傷腦筋了。「iDeCo」這項制度難以因應人生階段、生活方式和價值觀的變化，是它的一大缺點。

相較之下，「累積型 NISA」不會綁住資金，隨時可提領使用。

4 可能恢復收取特別法人稅

第四個缺點是**可能恢復收取特別法人稅**，有些人因為特別法人稅而不想使用「iDeCo」。一旦適用特別法人稅，就會每年對「iDeCo」裡的資產課 1.173％的稅。要是使用「iDeCo」做定存，加上課稅就會虧錢，就算是用「iDeCo」投資股票，每年課 1.173％的稅也很重。

幸好特別法人稅在一九九九年被凍結了，而且每兩至三年重複延長凍結期間，到現在仍暫停收取特別法人稅。我個人認為恢復收取特別法人稅的機率並不高，因為日本政府希望國民建立自己的養老金，因此持續推廣「累積型 NISA」和「iDeCo」，要是恢復「iDeCo」的特別法人稅，不僅使用者逃也逃不了，更與政府原本的政策背道而馳。

但如果你不想承擔可能恢復特別法人稅的風險，我建議你不要用「iDeCo」做定存，而是選擇投資基金產品挑選的股票。日本的定存利率不高，網路銀行有 0.1％就算不錯了，大銀行（都市銀行）則落在約 0.001％，要是再課徵 1.173％的稅，不就倒賠了，根本沒有投資的意義。投資股票的話，就算恢復收取特別法人稅，報酬率也很可能超過 1.173％。

以結論來說，「iDeCo」這項制度很適合當作養老金。

　　養老金是人生三大資金之一，也是金錢煩惱的前幾名，尤其四十至五十九歲族群煩惱養老金的比率特別高，這是攸關每個人未來的問題。養老金是為了將來的風險預做準備，我認為每個人都必須為了未來存一筆養老金。

　　既然必須存養老金，那麼「iDeCo」就是我們的強大夥伴。雖然它的缺點是六十歲前不能提領，但如果要當作養老金，這個缺點也許根本無傷大雅。「iDeCo」能增加為了未來預做準備的資產，何不試著運用看看呢？

 # 工作就是最強的省錢術與存錢術

　　要存到 1000 萬日圓，很重要的一點是「**一股腦地工作**」。

　　請放棄「輕鬆變成有錢人」、「擁有用不完的錢」這種想法，唯有工作才是讓生活富足的方法。

　　請獻出你的全部，沒有技能也沒有經驗的我獻出了我的「時間」，我盡可能減少了娛樂和休閒時間，全部投入在工作上。

　　雖然我說得像是工作狂或是在血汗工廠上班一樣，但其實我任職的單位是一家無需加班且福利完善的好公司。而且，我的公司允許員工從事副業，所以我會在下班後或假日去打工。我選的打工是自己有興趣的領域，因此並不覺得辛苦。

　　自從我當上了正職員工，已經長達四年沒回老家了。我把時間投入我的打工副業和製作 YouTube 影片，專心賺錢。而我不僅賺到了錢，也獲得相關的技能經驗，讓自己有所成長。

　　我認為工作就是最強的省錢術。

　　忙碌工作的人連花錢的時間也沒有，不知不覺就存到了一筆錢，這種事應該時有所聞吧。同樣地，**從事本業與副業，不要給自己花錢**

的時間，強制自己儲蓄。這個方法對於容易揮霍的人來說也相當有效。

　　況且，出外工作還能省下家裡的水電、瓦斯費；待在公司專心工作之餘，也能避免肚子餓就去買點心吃的習慣，減少無謂的浪費（甚至達到減肥效果，一舉兩得）。

　　回到家後疲憊得倒頭就睡，不會再跑出去消費或是盯著手機逛網拍。

　　以上都是我的真實經驗，但我並不是要你一輩子都這樣生活，而是在「存到 1000 萬日圓之前的幾年」這麼做就夠了。我自己是以還清債務和存到 1000 萬日圓為目標努力，如同考大學一樣設定目標才容易達成。

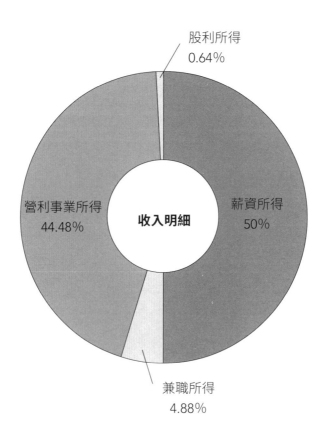

📋 我的收入明細

收入明細

股利所得 0.64%

薪資所得 50%

兼職所得 4.88%

營利事業所得 44.48%

選擇能儲蓄的公司和工作

　　如果你跟我一樣找工作不順利，大學畢業後先當了一陣子的啃老族或打工族，也沒有一技之長，在這種條件下要進入知名企業是相當困難的事。但是，我們不能不儲蓄。

　　因此，我在找工作時不只比較年收，**也會優先考慮勞動環境、福利制度等項目，藉此提高實際收入**。我的具體篩選條件為以下六項：

　　第一項是**選擇基本工資高的地區**。日本各地設有最低工資，二〇二二年八月的最低工資超過 1000 日圓的地區有東京、神奈川。東京的最低時薪是 1041 日圓，而時薪較低的縣市則是 820 日圓，這之間相差了 221 日圓，如果以法定工時 2080 小時計算，**一年的工資差距達459680 日圓**。光是居住地這項環境變因，就會對收入多寡造成巨大的影響。我當然知道若考量物價、地價，有些人會認為東京生活開銷大，但正因為店家多，在價格競爭之下，消費者還是能撿到便宜；而且只要選擇住郊區，通勤到市區上班，就能同時享有市中心的高工資和郊區的低廉租金。

　　第二項是**選擇不需要買車的工作或地區**。以我個人來說，會選擇在東京工作的一部分原因，除了因為我沒錢買車、沒錢上駕訓班之外，

我更討厭買了車之後拉高生活成本。換句話說，「賺錢而不花錢」很重要。一旦買了車，就得負擔稅金、購車費、停車費、保養費，當然還有油錢、高速公路過路費等等。

　　住在都會區則可以利用大眾運輸，搭配自行車或走路，省錢又健康。

　　第三項是**選擇福利制度完善的公司**。

　　當你選擇以下福利制度完善的公司，就能提高賺大錢的機率，光是在職就能使生活富足。

- 員工餐：免費或便宜的伙食。
- 住宅相關補貼：例如住宅津貼、房租補貼、搬家津貼、員工宿舍、員工住宅等，尤以員工宿舍、員工住宅是最大的經濟支援。
- 公司的研習或證照津貼：免費自我投資、提升自身技能。
- 以上就是人人稱羨的本業福利。

　　第四項是**選擇人手不足的工作**。年收高、需求人數少的工作當然是道窄門，像我這種沒有證照、沒有一技之長的人想提高年收，就要以人手不足的工作為條件求職。此外，如果可以選擇夜班，還能額外獲得 25% 的薪水加給。光是在不同時段工作就能提高 25% 的薪水，可是一筆不小的數字，簡單以年收來算，原本 300 萬日圓的年收就提高

至 375 萬日圓。有人會說上夜班很傷身體，我認為兩、三班的輪班制的確傷身，但如果專做夜班，還是能保持規律的生活作息，身體負擔遠比輪班制輕。而且夜班工作者擁有白天的休息時間，方便從事副業。**休假日也可選擇平日，星期六、日工作**，這樣能在休假時以較便宜的平日價格享受服務。

　　第五項是**選擇喜歡或不痛苦的工作**，這是維持生活富足最重要的方法。雖然工作這檔事簡單，但持續工作才能使生活富足。為了持續工作，請選擇喜歡或不痛苦的工作。人無法持續做自己不喜歡的事，也做不出成果，甚至會累積壓力，還得花錢紓壓，或是到頭來搞壞身體，把身體逼出病來，這是最壞的情況。「存錢」其實也是能持續工作的祕訣，存款愈多的人經濟愈富足，心靈也會變得富足。如此一來，工作愈久，存愈多錢，存款發揮保護功能，使我們不被壓力壓垮，心情變得更輕鬆後，也能更自在地工作，形成良好循環。

　　第六項是**選擇可以從事副業的工作**。

　　我在前面說過，由於我任職的公司允許員工從事副業，所以我正式上班之後就兼職做起了副業。關於從事副業的細節，我會在下一節說明。

靠副業獲取營利事業所得

一開始，我靠本業的薪資所得，以及下班後從事高薪打工，一個月賺 5 萬至 10 萬日圓。

後來，歷經以公司收入和打工收入報稅的經驗，我深切感受到兩份薪資所得的節稅效果太弱了。

因此，我開始從事報稅名目為營利事業所得的副業。

於是，我從副業獲得收入，也成長到一定的收入規模。起初只符合兼職所得的等級，便以薪資所得和兼職所得來報稅。因為以薪資所得和兼職所得報稅，就可以使用「必要費用」[3] 的名目。這時我才發現，上班族的節稅相當有限，即使運用「iDeCo」，節稅的金額還是很少，就算再加上繳故鄉稅，省下的金額也微不足道。而且嚴格來說，繳故鄉稅並非節稅。

為了獲得營利事業所得，我將目標放在擴大營收。於是，我辦了營業登記，以上班族兼自營業者的身分繼續工作。

我以上班族兼自營業者的身分報稅，獲得了三個好處：

3　自營業者計算所得稅時，可從收入扣除的成本。

　　分別是**必要費用、藍色申報特別扣除、副業收入免繳社會保險費**。

　　營利事業所得的計算方式為「營收－必要費用－藍色申報特別扣除額」。

　　根據藍色申報特別扣除的規定，如果以複式簿記來記帳並透過線上申請，最多可扣除 65 萬日圓。社會保險費從本業的投保單位收取，副業收入就不需要再繳納。

　　藉由以上方法，不僅獲得較好的節稅效果，還能透過副業獲得營利事業所得，增加收入之餘，也加快儲蓄速度。

　　我還發現，**比起以上班族的身分一年賺 600 萬日圓，上班族年收 300 萬日圓加上營利事業的年收 300 萬日圓，更能把錢留在手邊**。

　　我就這樣靠著副業收入節稅，大幅加快儲蓄速度。

💲 以可支配所得為思考基礎，而非年收

　　如同前面說過，不要只把目光放在公司給你的年收，也要綜合考量福利制度、節稅金額等面向，然後依照需求以副業補足，就有機會大幅提高年收。

　　反過來說，如果年收高，但可支配所得低，那麼不僅存不了錢，

也無法讓生活變得富足。所以，比起賺錢的能力，更需要學會的是存錢的能力，也就是打造「儲蓄體質」。

尤其是**選擇提供住宅相關補貼的公司，就能大幅提高存錢速度**。假如工作第一年的年收是 380 萬日圓，有住宅補貼的話，實際上等於年收 500 萬日圓的等級，再加上經營副業，一年賺 50 萬日圓，年收就來到 550 萬日圓。一般日本人可能要到四十至五十九歲，年收才會超過 500 萬日圓；但毫無工作資歷、一技之長、亮眼成績的我，卻在工作第一年就達到了。只要維持這種生活模式四年，很快就能存到 1000 萬日圓。

不過，請務必注意要**常保謙虛**。我總是以「現在的年收和福利總有一天會結束」為前提生活。看到目前的年收數字而自滿地以為「生活安逸」，其實是一種傲慢的想法。沒有人知道倘若從長遠的眼光來看，現在的年收究竟算高還是低。所以請捨棄傲慢的想法，保持謙虛而務實的心態，能存錢的時候好好存錢，才能讓現在和未來的自己不為金錢煩惱。

存到 1000 萬日圓
改變人生的可能性①
未來的龐大財富

接下來，我想分享存到 1000 萬日圓之後可能會發生的事。

在前面的章節，我已經介紹為了存 1000 萬日圓該付出的努力及注意事項，而在這一節，我想談談實際上存到 1000 萬日圓之後能做什麼。

首先，你帳戶裡的 1000 萬日圓能成為你**未來的龐大財富**，這就好比種下「1000 萬日圓」的幼苗，持續栽培它長大後，在未來收穫果實。請購買合適的苗（低成本指數型基金），使用合適的土地（證券公司）和合適的栽培方法（長期、累積、分散），施以「時間」肥料，好好將這株幼苗栽培長大吧。

我準備了以下兩種本利和的模式（均以每個月複利計算），分別是一次投入和定期定額投資，這是兩種不同的栽培方法。

先來看一次投入，一次投入 1000 萬日圓，投資期間為二十五年，中間每個月不再投入新資金，申購的是投資全世界的指數型基金。

如果報酬率為 3%，本利和就是 2115 萬 196 日圓（多了 1115 萬 196 日圓）。

如果報酬率為 5%，本利和就是 3481 萬 2905 日圓（多了 2481 萬

2905 日圓）。

如果報酬率為 7%，本利和就是 5725 萬 4182 日圓（多了 4725 萬 4182 日圓）。

第二種模式是定期定額投資，將 1000 萬日圓分成每個月 33333 日圓，投資期間為二十五年，申購的是投資全世界的指數型基金。

如果報酬率為 3%，本利和就是 1486 萬 6779 日圓（多了 486 萬 6779 日圓）。

如果報酬率為 5%，本利和就是 1985 萬 125 日圓（多了 985 萬 125 日圓）。

如果報酬率為 7%，本利和就是 2700 萬 2120 日圓（多了 1700 萬 2120 日圓）。

如同以上所示，其實**一次投入後運用複利的效果，資產增加速度會比一點一點投資還快。**

然而，一次投資也有缺點。畢竟股價起伏動盪，有時精神上會無法承受，甚至也有一投入就遇上股價暴跌令人吃不消的情況。

所以，如果你有 1000 萬日圓，花三年的時間分批投入也是不錯的選擇。

一點一點小額投資的確也可以獲利，但我認為一次投入一筆錢也

合理，那對某些人來說可能才是理性的選擇。

　　我認為只要在擁有一年份緊急預備金的情況下投資 1000 萬日圓，即使接下來任意花掉剩下的錢，也很可能在老年退休後保有超過 2000 萬日圓的資金。你現在手上的 1000 萬日圓，說不定在未來成長到幾千萬日圓的價值。

　　當然也可以進行一點一點小額投資，畢竟每個人的風險容忍度不同，每個月定期定額可以分散時間，絕對是扎實的投資方法。

存到1000萬日圓
改變人生的可能性②
邁向半退休生活

　　第二個是**有機會邁向半退休生活**。只要有1000萬日圓,最近蔚為話題的半退休、財務自由都有機會實現。

　　我所認知的半退休,指的是在二十幾歲、三十幾歲、四十幾歲、五十幾歲提早退休,以些微的勞動和自己的資產所得過活,可以解釋成活出自我。順帶一提,我個人並不考慮半退休。

　　看到半退休,有些人可能會覺得必須存到5000萬日圓,或是二十五年的生活費才行;照常理認為1000萬日圓或許不夠。但有些人存到1000萬日圓之後,就可能達到半退休、財務自由的境界。

　　只要生活費不高,光靠收入就能轉換成生活費,使用投資收益而不必動用到本金即可補貼生活費,那麼就有機會實現半退休。不需要存好幾年的錢,只要有1000萬日圓,就做得到。

　　而且,要是手頭寬裕,還能從事喜歡的活動或打工。你可以去念過去因為經濟因素而沒念的大學;你可以考取證照、從事過去因為低薪而放棄卻真心想做的事;你可以環遊世界、一星期工作兩、三天就好。這些夢想都能成真。

　　因為手頭寬裕了,不需要只把時間花在賺錢上,你可以更加享受自己的人生和時間。

存到1000萬日圓
改變人生的可能性③
自由且精采的生活

第三個是**能取得花錢與存錢的平衡**。

許多人花錢之前都會猶豫，各位讀者中或許也有不少人是這樣吧。當你太習慣儲蓄之後，凡事都會想到儲蓄，而儲蓄也令你快樂、欲罷不能。或許你會不敢置信，但有時候不花錢遠比花錢還教你心情愉悅。

那什麼時候開始花錢呢？我認為存到 1000 萬日圓的時候是個不錯的分水嶺。正因為你對未來感到不安，所以會在花錢之前踩煞車。當你的資產增至 1000 萬日圓，內心的不安大幅下降之後，只要在合理範圍內，花錢不是問題。即使去旅遊，也可以愉悅地花錢，不必擔心錢的問題。這不是比以往還要更好的用錢模式嗎？只要善加利用存到 1000 萬日圓的過程中所培養出的儲蓄體質，你就能保持花錢與存錢的平衡，過上自由且精采的生活。

$ 存錢使你煥然一新

存到 1000 萬日圓之後，你是否變得煥然一新了呢？我想你已經可以揮別過去的自己。或許你過去負債累累，現在卻有了一百八十度大

轉變，無論心態還是行動都完全不一樣了。

我身邊的人經常說，**我存錢之後說出來的話變得不同，行事風格也有所改變**。過去我真的是完全沒有同理心的人，直到有了儲蓄，心靈變得富足，**整個人變得極富人情味**。

存到 1000 萬日圓的人能夠建立自我。存到 1000 萬日圓代表這個人相當了解自己的滿足程度，可以好好追求屬於自己的目標和生活方式。

如果你目前還在儲蓄的道路上努力，或是接下來才打算開始存錢，請務必要挑戰儲蓄這件事，就當作被我騙來儲蓄吧。**你將隨著資產的累積，遇見嶄新的自我，並且對未來的人生懷抱希望**。

後記 ————————————KURAMA

存錢的過程，就好像正在朝自己注入幸福的狀態，待幸福滿溢，才有了看向周遭的餘裕。

金錢的煩惱變少是一件美好的事。

當我背負債務在家啃老的時候，不論做什麼事都感覺不到絲毫的快樂。直到一年後存到 300 萬日圓，我的心胸變得非常開闊，但即使如此，仍然無法消除我對金錢的不安。

我無法逃離資本主義的魔爪，所以勢必要理解它的規則才行。正因為我明白有錢人會變得更有錢，這是強者恆強的遊戲，才注意到「儲蓄」有多重要。

如同我在前言所述，**1000 萬日圓是脫離資本主義的門票**，是一個轉捩點。

實際上，當我存到 1000 萬日圓後，對於金錢的不安已經所剩無幾。**儲蓄絕對能讓你變得更輕鬆，所以趕快開始存 1000 萬日圓吧！**

我抱持這樣的想法寫下了這本書。

如同我在本書所述，關於理財，最重要的就是**儲蓄體質——存錢的能力。**

　　我當然明白理財方式百百種，有人專注於賺錢而非存錢。但是，無論你賺再多錢，只要你不斷花錢，財富就無法累積；反過來說，年收低的人也能存錢。請先將注意力放在儲蓄吧！

　　我則是拚命存錢、拚命賺錢，一路累積財富。

　　貫徹實踐儲蓄的習慣之後，我在各方面都看見了變化。

　　我獲得了持之以恆的動力、幹勁、行動力，也開始留意健康和生活。我不只存到了錢，也一一改善了過去疏忽的面向和缺點。如果你曾經想持續做一件事卻三分鐘熱度，無論那件事是健身、減肥、學習、早睡早起都好，你可以試著開始儲蓄，說不定能建立起良性循環。

　　只要確實持續執行，必定會有成果。當你在儲蓄獲得這種成功體驗，就代表**你掌握到了訣竅，任何事都將變得更容易持之以恆。**

　　然後，你有了存款，存款成為你的後盾，你因此敢開始嘗試各式各樣的挑戰。

　　當你存到 1000 萬日圓，你就能活出自我。

　　為了走出自己的路，也為了掌握自己的人生，請開始儲蓄。

　　覺得辛苦的時候，就翻開這本書。**只要你持續這些習慣成自然的行為，做得比其他人都長久，你一定能突破自我。**

　　迎接你充實的儲蓄生活吧！

存錢金磚疊疊樂

目標：20 萬   每月／次　　2000

$2,000	$2,000	$2,000	$2,000	$2,000	$2,000	$2,000	$2,000	$2,000	$2,000
	$2,000	$2,000	$2,000	$2,000	$2,000	$2,000	$2,000	$2,000	$2,000	$2,000
$2,000	$2,000	$2,000	$2,000	$2,000	$2,000	$2,000	$2,000	$2,000	$2,000
	$2,000	$2,000	$2,000	$2,000	$2,000	$2,000	$2,000	$2,000	$2,000	$2,000
$2,000	$2,000	$2,000	$2,000	$2,000	$2,000	$2,000	$2,000	$2,000	$2,000
	$2,000	$2,000	$2,000	$2,000	$2,000	$2,000	$2,000	$2,000	$2,000	$2,000
$2,000	$2,000	$2,000	$2,000	$2,000	$2,000	$2,000	$2,000	$2,000	$2,000
	$2,000	$2,000	$2,000	$2,000	$2,000	$2,000	$2,000	$2,000	$2,000	$2,000
$2,000	$2,000	$2,000	$2,000	$2,000	$2,000	$2,000	$2,000	$2,000	$2,000
	$2,000	$2,000	$2,000	$2,000	$2,000	$2,000	$2,000	$2,000	$2,000	$2,000

★每次塗完就上色，祝你快快存到第一桶金！

B002

最強儲蓄體質
只要存下 20 萬，人生就會從此改變

作　　　者｜KURAMA
譯　　　者｜張瑜庭
責 任 編 輯｜鍾宜君
封 面 設 計｜林木木
內 頁 排 版｜簡單瑛設
特 約 編 輯｜周奕君

出　　　版｜晴好出版事業有限公司
總 編 輯｜黃文慧
副 總 編 輯｜鍾宜君
行 銷 企 畫｜胡雯琳、吳孟蓉
地　　　址｜10491 台北市中山區中山北路三段 36 巷 10 號 4F
網　　　址｜https://www.facebook.com/QinghaoBook
電 子 信 箱｜Qinghaobook@gmail.com
電　　　話｜（02）2516-6892　　　傳　　　真｜（02）2516-6891

發　　　行｜遠足文化事業股份有限公司（讀書共和國出版集團）
地　　　址｜231023 新北市新店區民權路 108-2 號 9 樓
電　　　話｜（02）2218-1417　　　傳　　　真｜（02）2218-1142
電 子 信 箱｜service@bookrep.com.tw
郵 政 帳 號｜19504465（戶名：遠足文化事業股份有限公司）
客 服 電 話｜0800-221-029　　　團 體 訂 購｜02-22181717 分機 1124
網　　　址｜www.bookrep.com.tw
法 律 顧 問｜華洋法律事務所／蘇文生律師
印　　　製｜凱林印刷
初 版 一 刷｜2024 年 1 月
定　　　價｜350 元
I S B N｜978-626-7396-12-4
E I S B N｜9786267396315（PDF）
　　　　　｜9786267396322（EPUB）

國家圖書館出版品預行編目 (CIP) 資料

最強儲蓄體質：只要存下 20 萬，人生就會從此改變/KURAMA 著；張
瑜庭譯 . -- 初版 . -- 臺北市：晴好出版事業有限公司出版；新北市：遠
足文化事業股份有限公司發行, 2024.01
240 面；17×23 公分
ISBN 978-626-7396-12-4（平裝）
1.CST: 儲蓄　2.CST: 財務管理
421.1　　　　　　　　　　　112018606